Hideo Nitta
Keita Takatsu
TREND-PRO Co., Ltd.

Physik-Manga Mechanik

Original Japanese edition published as
Manga de Wakaru Butsuri – Rikigaku-hen
(Manga Guide: Physics – Dynamics edition)
Written by Hideo Nitta
Illustration by Keita Takatsu
Produced by TREND-PRO Co., Ltd.
Copyright © 2006 by HIDEO NITTA and TREND-PRO Co., Ltd.
Published by Ohmsha, Ltd.
3-1 Kanda Nishikicho, Chiyodaku, Tokyo, Japan
German edition copyright © 2010
By Vieweg+Teubner Verlag
Translation rights arranged with Ohmsha, Ltd.

Hideo Nitta
Keita Takatsu
TREND-PRO Co., Ltd.

Physik-Manga Mechanik

STUDIUM

Deutsch von: Dr. Sandra Hohmann

**VIEWEG+
TEUBNER**

Bibliografische Information der Deutschen Nationalbibliothek
Die Deutsche Nationalbibliothek verzeichnet diese Publikation in der
Deutschen Nationalbibliografie; detaillierte bibliografische Daten sind im Internet über
<http://dnb.d-nb.de> abrufbar.

1. Auflage 2010

Alle Rechte vorbehalten
© Vieweg+Teubner Verlag | Springer Fachmedien Wiesbaden GmbH 2010

Lektorat: Ulrich Sandten | Kerstin Hoffmann

Vieweg+Teubner Verlag ist eine Marke von Springer Fachmedien.
Springer Fachmedien ist Teil der Fachverlagsgruppe Springer Science+Business Media.
www.viewegteubner.de

Umschlaggestaltung: KünkelLopka Medienentwicklung, Heidelberg
Druck und buchbinderische Verarbeitung: STRAUSS GMBH, Mörlenbach
Gedruckt auf säurefreiem und chlorfrei gebleichtem Papier.

ISBN 978-3-8348-0982-7

Vorwort

Für das Verständnis der Physik ist es wesentlich, korrekte Vorstellungen von bestimmten Phänomenen zu haben. Besonders in der Dynamik muss man physikalische Gesetze begreifen, indem man die Bewegungen von Objekten und deren Einfluss aufeinander im Kopf behält. Leider können Lehrbücher, die nur Text enthalten, keine angemessenen Bilder dieser Bewegungen liefern.

Dieses Buch will die Grenzen konventioneller Lehrbücher aufbrechen, indem Elemente eines Comics benutzt werden. Comics sind nicht einfach irgendwelche Bilder, sondern man kann mit ihnen vieles ausdrücken und darstellen. So lassen sich Bewegungen, die sich in einem Zeitablauf ändern, mit Hilfe eines Comics gut veranschaulichen. Darüber hinaus hilft ein Comic, das eher trockene Thema der physikalischen Gesetze interessanter zu machen. Bekanntlich ist Humor ein wichtiges Element in Comics. Auch dieser Aspekt wurde mit dem vorliegenden Buch abgedeckt. Da der Autor unbedingt wissen möchte, ob dieser Ansatz erfolgreich war oder nicht, ist er gespannt auf die Meinung der Leser. Die Arbeit wurde aus meiner Sicht sehr zufriedenstellend abgeschlossen, wenngleich aufgrund der begrenzten Seitenzahl ein amüsantes Kapitel zu Kreisbewegungen und nichtträgen Systemen nicht mehr aufgenommen werden konnte.

Die Hauptfigur des Buches, Megumi Ninomiya, findet Physik ziemlich schwierig. Ich bin sicher, dass es vielen Lesern auch so geht und dass sie zusammen mit Megumi die Grundlagen der Physik lernen werden.

Mein Wunsch ist es, dass dieses Buch möglichst viele Leser anspricht, die „Physik schwierig finden" oder „Physik nicht mögen" und die ebenso wie Megumi entdecken, dass Physik Spaß machen kann und interessant ist.

Schließlich möchte ich folgenden Beteiligten meinen großen Dank aussprechen: den Mitarbeitern von OHM Development Office, re_akino, der die Geschichte geschrieben hat, und Keita Takatsu, der alles in einen wunderbaren Comic umgesetzt hat. Dieses Buch hätte eine Person alleine unmöglich fertigstellen können. Nur mit vereinten Kräften konnte die Arbeit aller in solch einem Werk konzentriert werden.

November 2006

Hideo Nitta

Wie man dieses Buch benutzt

Dieses Buch besteht aus drei Teilen: dem Comic, der Wiederholung und den Abschnitten, in denen es „einen Schritt weiter" geht und das zuvor Gelernte vertieft wird.

Leser, die mit Physik nicht so vertraut sind, sollten zuerst den Comic lesen und den Rest auslassen. Es macht auch nichts, wenn man nicht gleich alles bis ins Detail versteht. Vielleicht hilft der Comic ein wenig, die folgenden Abschnitte auch noch lesen zu wollen. Nachdem ihr einmal ausschließlich den Comic gelesen habt, könnt ihr das wiederholen, aber diesmal auch die Abschnitte „Labor" lesen. Ihr werdet dort einige Gleichungen finden, die aber meist aus dem Mathematikunterricht bekannt sein werden und daher keine Probleme bereiten sollten. Aber auch, wenn ein paar Sachen nicht leicht zu verstehen sind, macht das nichts – lasst diese Teile zunächst einfach aus. Je öfter ihr lest und je mehr Abschnitte ihr kennenlernt, desto vertrauter wird euch die Physik werden. Anschließend könnt ihr je nach eigenem Interesse die Abschnitte „Wiederholung" und „Ein Schritt weiter" lesen.

Wendet außerdem die Gesetze der Dynamik, die ihr in diesem Buch kennenlernt, auf Phänomene in eurem Umfeld an. Versucht, auch dann über die physikalischen Gesetze hinter einem Phänomen nachzudenken, wenn die Antwort offensichtlich ist.

Wer Physik auf einem etwas höheren Niveau lernen möchte, sollte sich mit den Abschnitten „Wiederholung" befassen und versuchen, diese zu verstehen. Hier erhaltet ihr Informationen, die über das hinausgehen, was im Comicteil vorgestellt wurde. Die Gleichungen im Buch dienen dazu, die Überlegungen und Berechnungen nachzuvollziehen. Der Schlüssel zur Physik ist aber nicht, Gleichungen auswendig zu lernen, sondern sie von Gesetzen herzuleiten.

Wenn ihr Physik studieren wollt oder schon studiert, wenn ihr eine technische Ausbildung absolviert oder einfach Spaß an Physik habt, solltet ihr die Abschnitte „Ein Schritt weiter" gründlich lesen und verstehen. In diesen Abschnitten wird auch Differential- und Integralrechnung benutzt, um ein tieferes Verständnis der physikalischen Gesetze zu erlangen. Die Differential- und Integralrechnung ist fundamental für die Dynamik – was ihr daran erkennen könnt, dass sie auf Newton, der die drei Bewegungsgesetze aufgestellt hat, zurückgeht. Mithilfe der Differential- und Integralrechnung kann man außerdem auf sehr klare Weise zeigen, wie die einzelnen Gesetze zusammenhängen.

Wenn ihr den Impulserhaltungssatz, die Beziehung zwischen Arbeit und kinetischer Energie und den Energieerhaltungssatz von Newtons drei Bewegungsgesetzen ableiten könnt, ohne dieses Buch zu benutzen, würdet ihr wirklich fundamentale Fähigkeiten in der Physik zeigen.

Kraft und Bewegung

Impuls und Kraftstoß

Arbeit und Energie

● Beziehung zwischen einer physikalischen Größe und ihrer Einheit

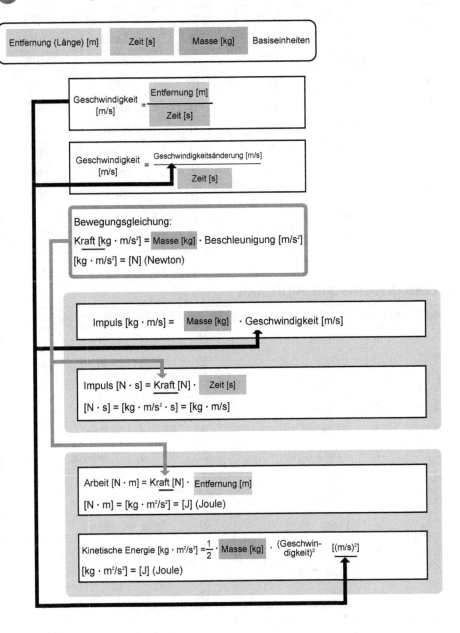

Entfernung (Länge) [m]   Zeit [s]   Masse [kg]   Basiseinheiten

$$\text{Geschwindigkeit [m/s]} = \frac{\text{Entfernung [m]}}{\text{Zeit [s]}}$$

$$\text{Geschwindigkeit [m/s]} = \frac{\text{Geschwindigkeitsänderung [m/s]}}{\text{Zeit [s]}}$$

Bewegungsgleichung:

Kraft [kg · m/s²] = Masse [kg] · Beschleunigung [m/s²]

[kg · m/s²] = [N] (Newton)

Impuls [kg · m/s] = Masse [kg] · Geschwindigkeit [m/s]

Impuls [N · s] = Kraft [N] · Zeit [s]

[N · s] = [kg · m/s² · s] = [kg · m/s]

Arbeit [N · m] = Kraft [N] · Entfernung [m]

[N · m] = [kg · m²/s²] = [J] (Joule)

Kinetische Energie [kg · m²/s²] = $\frac{1}{2}$ · Masse [kg] · (Geschwindigkeit)² [(m/s)²]

[kg · m²/s²] = [J] (Joule)

Einheitenpräfixe

Symbol	Aussprache	Wert	Symbol	Aussprache	Wert
da	Deka	10	d	Dezi	1/10
h	Hekto	100	c	Zenti	1/100
k	Kilo	1000	m	Milli	1/1000
M	Mega	10^6	µ	Mikro	10^{-6}
G	Giga	10^9	n	Nano	10^{-9}
T	Tera	10^{12}	p	Piko	10^{-12}
P	Peta	10^{15}	f	Femto	10^{-15}
E	Exa	10^{18}	a	Atto	10^{-18}
Z	Zetta	10^{21}	z	Zepto	10^{-21}
Y	Yotta	10^{24}	y	Yokto	10^{-24}

Das griechische Alphabet

Großbuchstabe	Kleinbuchstabe	Aussprache	Großbuchstabe	Kleinbuchstabe	Aussprache
A	α	Alpha	N	ν	Ny
B	β	Beta	Ξ	ξ	Xi
Γ	γ	Gamma	O	o	Omikron
Δ	δ	Delta	Π	π	Pi
E	ε	Epsilon	P	ρ	Rho
Z	ζ	Zeta	Σ	σ	Sigma
H	η	Eta	T	τ	Tau
Θ	θ	Theta	Y	υ	Ypsilon
I	ι	Iota	Φ	φ, φ	Phi
K	κ	Kappa	X	χ	Chi
Λ	λ	Lambda	Ψ	ψ	Psi
M	µ	My	Ω	ω	Omega

Ich hab den totalen Durchblick!

Also noch mal

Na und, Sayaka?

Hahaha!

Oh je, Megumi!

Du hast echt dieses einfache „Prinzip von Aktion und Reaktion" vergessen?

Dann erinnern wir uns doch an dieses Prinzip – naja, du wohl nicht ...

Die Kraft des Balls, die auf den Schläger einwirkt

Die Kraft des Schlägers, der auf den Ball einwirkt

Die Kraft des Schlägers, die auf den Ball einwirkt, und die Kraft des Balls, die auf den Schläger einwirkt, sind immer äquivalent!

Hm?

Deshalb ist 3 die richtige Antwort!

Tödlicher Blick

Aaahhh!

Bamm!

Oh nein!
Ich kann mich nicht
konzentrieren, ...

... weil ...

... ich dauernd
darüber nachden-
ken muss, warum
der Ball genau so
abprallt und nicht
anders!

Bamm!

Liegt das jetzt
daran, dass die Kraft
des Schlägers grö-
ßer ist als die des
Balls?
Oder wie?

Aaah!

Klatsch!

Zack!

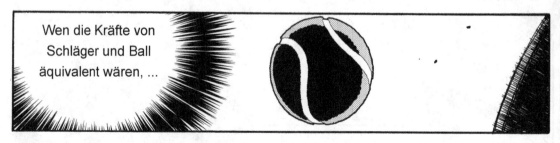

Wen die Kräfte von
Schläger und Ball
äquivalent wären, ...

Dong Ding

Dong Ding

Aaaah!

Abgesehen davon, dass ich verloren habe, ...

... bleibt auch noch meine Frage unbeant- wortet!

Schwirr

Bamm!

Aaah!

Verdammt!

Tut mir leid ...

Huch, Ryota Nonomura ... Er ist in meiner Klasse!

8

Schon gut, es war ja keine Absicht. Aber sag mal, ...

... Nonomura-kun, was machst du eigentlich hier?

Zack

Ich, ähm, habe die Bewegungen der Bälle ausgerechnet, während du gespielt hast.

$$m \frac{d^2 y}{d t^2} = -mg +$$

Magnus.

Wow! So wie's sich für einen Silbermedaillen-gewinner der Physik-Olympiade gehört, wie?

Aber dann ... hast du gesehen, wie ich verlo-ren habe!

Was für eine Medaille?

Nun, stimmt, das habe ich gesehen.

Hör mal zu!

Zeter

Weißt du, warum ich das Spiel verlo-ren habe?

Puff puff

Schrei

W...was meinst du?

11

...

Hmm...

Aber ...

Aua, tut plötzlich ganz schön weh, die Stelle, wo du mich mit dem Ball getroffen hast!

Zitter

Hey, ich hab dich doch gar nicht am Bauch getroffen!

Aber schön, okay, ich erklär's dir!

Wirklich?

Ganz bestimmt!

Aber versprich mir, dass du dich auch anstrengst, um es zu verstehen, ja?

1

Das Prinzip von Aktion und Reaktion

1. Das Prinzip von Aktion und Reaktion

... den Eindruck, du bist kaum im Klassenzimmer. Bist du dann hier?

Ja, das ist richtig.

Tap-tap

Weißt du, Nonomura-kun, ich habe ...

Diese ganzen Instrumente hier sind schon cool – und außerdem ist es schön ruhig. Nicht schlecht ...

Und du darfst den Raum einfach so benutzen?

Ja, klar, ich hab die Erlaubnis unseres Lehrers!

Wow!

Wie es sich für einen Olympiazweiten gehört!

Klatsch

Ich habe auch schon viel über dich gehört, Ninomiya-san! Du bist ziemlich gut in Sport, oder?

Haha, naja, mir macht das einfach Spaß!

Dann leg dich jetzt genauso ins Zeug, wenn es um Physik geht!

Das werde ich! Und vielen Dank schon mal!

e das Prinzip von Aktion und Reaktion funktioniert

Dann fangen wir an!

Du willst ja zuerst etwas über das Prinzip von Aktion und Reaktionen lernen, nicht wahr?

Genau!

Zumindest hatte Sayaka das erwähnt ...

Bevor wir uns anschauen, was das mit einem Schläger und einem Ball zu tun hat, ..

16

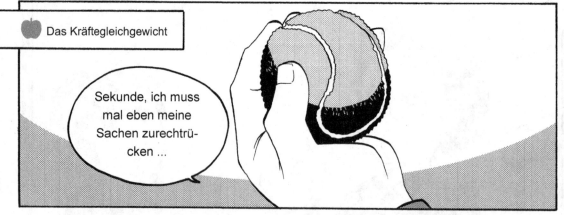

Also, wenn wir es mit festen Objekten zu tun haben, wird das Prinzip von Aktion und Reaktion ...

... häufig verwechselt mit dem „Kräftegleichgewicht"!

Kräftegleichgewicht?

Pass auf! Ich zeig dir zuerst mal, welche Kräfte auf den Ball in meiner Hand wirken!

Eine Kraft hat nicht nur eine bestimmte Stärke oder Größe, sondern sie wirkt auch in eine bestimmte Richtung.

Und wenn etwas eine bestimmte Größe und zusätzlich eine Richtung hat, nennt man das „Vektor".

Richtung, in die die Kraft wirkt

Größe der Kraft

Dieser Vektor steht für die Kraft der Hand.

Dieser Vektor steht für die Kraft der Gravitation.

Größe der Kraft

Richtung, in die die Kraft wirkt

Das sind dann wohl diese Pfeile hier, oder?

Und wieder abwärts!

... ist der Ball mit ihr zusammen nach unten gegangen.

Vielleicht ... lag das ja einfach daran, dass der Ball auf deiner Hand lag!

Und?!

Als ich meine Hand plötzlich nach unten genommen habe, ...

Meinetwegen kannst du es dir auch so vorstellen. Wichtig ist aber, dass du an das Verhältnis von Kräften unterschiedlicher Größe denkst!

Kraft der Hand

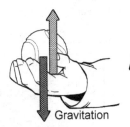

Gravitation

Keine Bewegung
(Die Kräfte sind gleich.)

Wenn sich die Hand senkt ...

Kraft der Hand

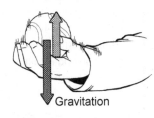

Gravitation

Kräfte unterschiedlicher Größe? Hmm...

Hm, die Abwärtsbewegung der Hand ...

Die Kraft der Hand, die den Ball gehalten hat, wird kleiner!

Ähm ...

Stimmt's?

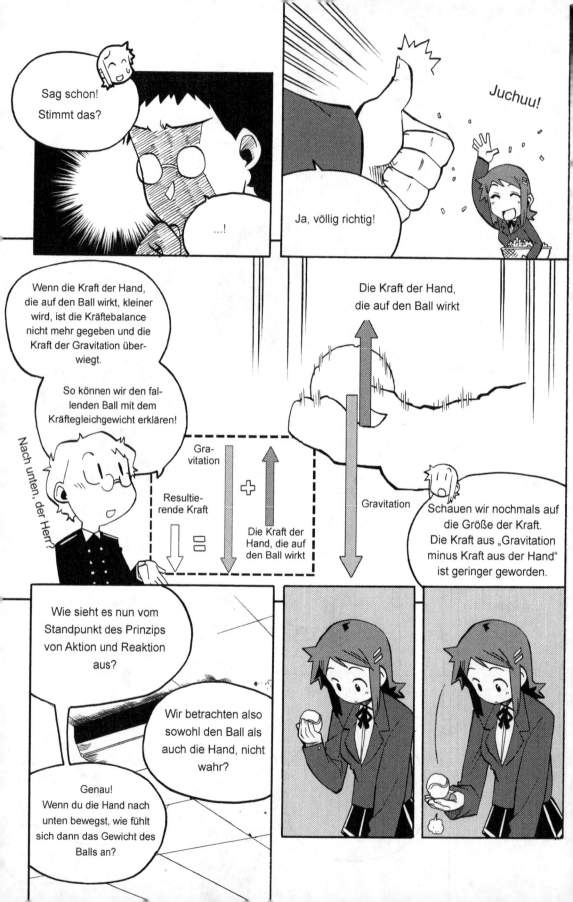

Er fühlt sich leichter an! Heißt das, die Kraft des Balls, die auf die Hand wirkt, wurde kleiner?

Erleuchtung

Ist das der Schuldige?

Du hast schon wieder Recht!

Die Kraft der Hand, die auf den Ball wirkt

Beide Kräfte werden kleiner.

Die Kraft des Balls, die auf die Hand wirkt

Du weißt: Gemäß des Prinzips von Aktion und Reaktion sind die Kräfte auf beiden Seiten gleich groß. Wenn also die Kraft der Hand, die auf den Ball wirkt, kleiner wird, gilt das umgekehrt auch für die Kraft des Balls, die auf die Hand wirkt.

Wenn du umgekehrt die Hand plötzlich hebst, wie fühlt sich das Gewicht des Balls dann an?

Denk

Oh!

Er fühlt sich schwerer an!

Um die Kräftebalance zu brechen und den Ball nach oben zu bewegen, muss die Kraft der Hand, die auf den Ball einwirkt, größer sein als die Gravitation.

Resultierende Kraft = Gravitation + Die Kraft der Hand, die auf den Ball wirkt

Die Kraft der Hand, die auf den Ball wirkt

Gravitation

Nach oben, der Herr?

Naja ...

Es ist mir etwas peinlich!

Kicher

27

Das Resultat ist, dass die Kraft des Balls größer wird, deshalb fühlt er sich auch schwerer an

Die Kraft der Hand, die auf den Ball wirkt

Die Kraft des Balls, die auf die Hand wirkt

Die Kraft des Balls auf die Hand steigt also im gleichen Maße, wie umgekehrt die Kraft der Hand auf den Ball steigt!

Verstehst du das alles jetzt auch, wenn es um einen Schläger und einen Ball geht?

Grübel

Öhm...

Das ist doch ganz was anderes!

⁉

Aargh!!

Was ist denn jetzt los, Ninomiya-san?

Tataa!

Nehmen wir mal an, das hier wäre die Aufgabe.

Aufgabe 9

Angenommen, du schlägst einen Ball mit einem Tennisschläger. Was ist größer: Die Kraft des Balls, die den Schläger trifft, oder die Kraft des Schlägers, die den Ball trifft?

Wenn du den Ball zurück-
schlägst, hängt die Kraft
des Schlägers, die auf
den Ball wirkt, davon ab,
wie man schlägt und wie
schnell der Ball ist.

Ja,
ich weiß.

Auch wenn der Schläger nur
einen Moment lang auf den
Ball trifft, können in diesem
Moment die Kräfte immer
andere sein.

Und umgekehrt ist auch
die Kraft des Balls, die
auf den Schläger wirkt,
immer eine andere.
Allerdings ...

Die Kraft
des Balls,
die auf den
Schläger
wirkt

Die Kraft des
Schlägers, die auf
den Ball wirkt

Beginn des
Zusammenpralls

Zu jedem Zeitpunkt sind
die beiden Kräfte gleich
groß und wirken genau
in entgegengesetzter
Richtung.

Die Kraft des
Balls, die auf
den Schläger
wirkt

Die Kraft des Schlägers,
die auf den Ball wirkt

Der Moment, in
dem die Kraft das
Maximum erreicht

Stell dir jetzt vor, die Zeit würde in jedem Moment wieder angehalten, dann ist es so, als wäre der Ball noch immer auf der Hand.

Stimmt!

Das Prinzip von Aktion und Reaktion gilt sowohl in Bewegung als auch ohne Bewegung.

Aha!

Danke!

Jetzt kapier ich's!

Das freut mich!

Warte!

Aus Distanz wirkende Kräfte und das Prinzip von Aktion und Reaktion

Gemäß des Prinzips von Aktion und Reaktion entstehen Kräfte immer paarweise.

Ja, genau ...

Aaahhh!

Gravitation, die auf den Ball wirkt

Aber was ist dann das Gegenstück zur Gravitation, die auf den Ball wirkt, ich meine ...

Woher kommt diese Kraft?!

Gute Frage!

Die Antwort lautet: Sie kommt von der Erde!

Was?! Der Erde?

Nicht nur der Ball, sondern auch du, ich, ein Flugzeug in der Luft wird von der Erde angezogen. Die Kraft der Erde, die auf uns wirkt, nennt man Gravitation.

Hmm, ich weiß nicht, ob ich das richtig kapiere ...

Gravitation wirkt aus der Entfernung. So wie die Gravitation, die auf den Ball wirkt.

Und umgekehrt wirkt die Kraft des Balls auf die Erde und zieht sie an.

Die Kraft der Erde, die auf den Ball wirkt

Die Kraft des Balls, die auf die Erde wirkt

Du meinst, ein Ball zieht die Erde?!

Genau! Erst dann ist es ja ein Kräftepaar!

Alle Objekte mit einer Masse ziehen sich gegenseitig an. Das nennt man „Universale Gravitation".

Schwer vorstellbar, dass ein Ball ...

Naja, die Masse der Erde ist ja wahnsinnig groß, deshalb kann ein Ball sie nie merklich anziehen.

Hmm, verstehe ...

Woosh!

Strahl!

Universale Gravitation scheint auch uns anzuziehen, Nonomura-kun ...

Du wolltest doch ernsthaft lernen!

Versink im Boden

Universale Gravitation ist übrigens proportional zum Produkt der Massen, die aufeinander wirken.

Die Masse einer Person ist sehr klein und deshalb kann man die Gravitation zwischen Menschen nicht merken!

2. Die Newton'schen Gesetze

Dynamik ist die Grundlage der Physik

Also ...

Hust!

Das Prinzip von Aktion und Reaktion wird auch das „Dritte Newton'sche Gesetz" genannt.

Wenn du sagst, es sei das dritte, dann gibt es wohl auch ein erstes und ein zweites?

Genau, es gibt drei. Man nennt sie auch einfach „Newton'sche Gesetze".

Was denkst du, worum es in der Physik geht?

Bevor wir uns die Gesetze anschauen ... Kann ich dich etwas fragen, Ninomiya-san?

Was denn?

Ich dachte immer, es geht darum, sich Zahlen und Gleichungen zu merken.

Hmm

Es ist wohl eher so, dass man verstehen will, wie Bewegung funktioniert, oder?

Gut gesagt!

Roll

Roll

Aber nachdem ich dir jetzt eine Weile zugehört habe, sehe ich es etwas anders ...

Es geht überhaupt nicht darum, sich nur Regeln zu merken!

Ich finde, Physik hilft uns, natürliche Phänomene ...

... mit Gesetzen zu verstehen oder sie mithilfe von Mathematik vorauszusagen.

Wow! Klingt überzeugend!

Und die Grundlage der Physik ist die „Dynamik"!

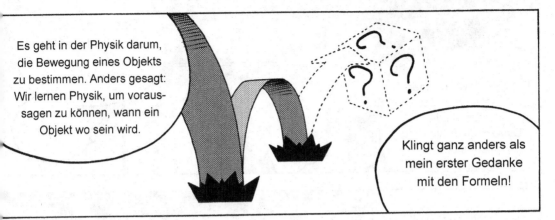

Es geht in der Physik darum, die Bewegung eines Objekts zu bestimmen. Anders gesagt: Wir lernen Physik, um voraussagen zu können, wann ein Objekt wo sein wird.

Klingt ganz anders als mein erster Gedanke mit den Formeln!

Wenn man einen Film aufgenommen hat, ist es ganz einfach zu sagen, wann ein Ball wo war, stimmt's?

Ja, klar!

Nehmen wir aber an, du willst vorhersagen, wo der Ball, den du wirfst, eine Sekunde später sein wird.

In dem Fall musst du wissen, welche Regeln hinter der Bewegung stehen.

Verstehe.

Wiederholung

Es gibt verschiedene physikalische Größen wie Kraft, Masse und Geschwindigkeit. Physikalische Größen können unterteilt werden in solche, die im Wert nur steigen beziehungsweise fallen können, und solche, die auch die Richtung beinhalten. Eine Größe ohne Richtung man auch Skalar. Masse ist zum Beispiel eine skalare Größe, außerdem sind Energie und Arbeit, die wir in Kapitel vier kennenlernen, skalare Größen.

Kraft ist hingegen eine Größe mit einer Richtung. Du kannst das daran sehen, dass die Bewegung eines Objekts sich ändert, wenn eine Kraft aus einer anderen Richtung auf das Objekt wirkt. Eine physikalische Größe die zusätzlich über eine Richtung verfügt, ist ein Vektor. Nicht nur Kraft, Geschwindigkeit und Beschleunigung, die wir in Kapitel 2 kennenlernen, sondern auch der Impuls, den wir in Kapitel 3 kennenlernen werden, sind Vektoren. Vielleicht vergisst du die Bezeichnungen wie „Skalar" unter „Vektor" wieder. Wichtig ist aber, dass du dir merkst, dass physikalische Größen entweder eine Richtung beinhalten oder nicht.

Einen Vektor darstellen

Ein Vektor kann mit einem Pfeil dargestellt werden. Die Länge des Pfeils repräsentiert die Größe des Vektors, und seine Ausrichtung repräsentiert die Richtung. Zwei Vektoren mit der gleichen Größe und Richtung sind äquivalent. Wenn zwei Pfeiler sich vollständig überdecken, nachdem

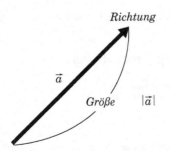

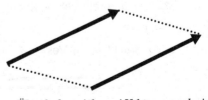

Überdecken sich zwei Vektoren nach einer Parallelverschiebung, sind sie äquivalent.

man sie parallel verschoben hat, sind die durch die Pfeile dargestellten Vektoren äquivalent. Merke dir auch, dass die Größe eines Vektors (also die Länge des Pfeils) als absoluter Wert angegeben wird und mit verschiedenen Symbolen dargestellt werden kann, beispielsweise $|\vec{a}|$ oder einfach a.

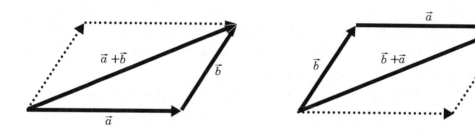

Die Summe von Vektoren

Die Summe zweier Vektoren $\vec{a} + \vec{b}$ ist definiert als der Vektor, der entsteht, wenn man die Spitze von Vektor $\vec{a}$ an das Ende von Vektor $\vec{b}$ anfügt. Dies ist in der oberen linken Abbildung zu sehen. Dieser Vektor ist die Diagonale des Parallelogramms und er ist offensichtlich auch äquivalent zu $\vec{b} + \vec{a}$.

Dies können wir so formulieren:

Kommutativgesetz: $\vec{a} + \vec{b} = \vec{b} + \vec{a}$

Um 3 oder mehr Vektoren zu addieren, wiederholt man diesen Vorgang einfach.

Vektoren mit negativem Vorzeichen

Der negative Vektor $-\vec{a}$ ist ein Vektor, dessen Wert 0 ergibt, wenn man ihn zu $\vec{a}$ addiert:

$$\vec{a} + (-\vec{a}) = 0$$

Geometrisch ausgedrückt ist $-\vec{a}$ Vektor $\vec{a}$, nur in umgekehrter Richtung:

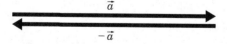

Die „0" in der letzten Gleichung entspricht dem sogenannten „Nullvektor". Er wird manchmal so geschrieben: $\vec{0}$. In diesem Buch werden wir aber einfach „0" schreiben.

Differenzen zwischen Vektoren

Die Differenz zwischen zwei Vektoren, also $\vec{a}-\vec{b}$, ist so definiert:

$$\vec{a}-\vec{b} = \vec{a} +(-\vec{b})$$

Wir können es auch wieder wie bei der Summe veranschaulichen:

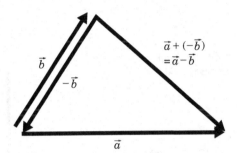

Vektoren mit Skalaren multiplizieren

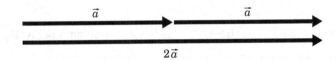

Den Vektor $\vec{a}$ zu verdoppeln bedeutet, seine Länge zu verdoppeln, ohne die Richtung zu ändern. Das Produkt ist dann $2\vec{a}$. Allgemein schreibt man k $\vec{a}$, wenn man den Vektor $\vec{a}$ mit k multipliziert. (Der Vektor ändert seine Richtung dabei nicht!)

Kräftebalance und Kräftevektoren

Als wir über die Kräfte gesprochen haben, die auf den Ball wirken (S. 23), haben wir diese Gleichung kennengelernt:

Summe der Kräfte auf den Ball = Gravitation + Kraft der Hand = 0

Hast du zuerst gedacht, es müsste „minus" statt „plus" heißen? Erinnern wir uns: Kraft ist ein Vektor, und damit ist die Gleichung richtig. Die Kraft, die entsteht, wenn man alle auf ein Objekt wirkenden Kräfte addiert, ist wieder ein Vektor. Schauen wir uns als nächstes die Balance zwischen den auf den Ball wirkenden Kräften an.

Wir nennen die Kraft der Hand, die auf den Ball wirkt, $\vec{F}_{Hand}$ und die Gravitation, die auf den Ball wirkt, $\vec{F}_{Gravitation}$. Die resultierende Kraft ist dann:

$$\vec{F}_{Summe} = \vec{F}_{Hand} + \vec{F}_{Gravitation}$$

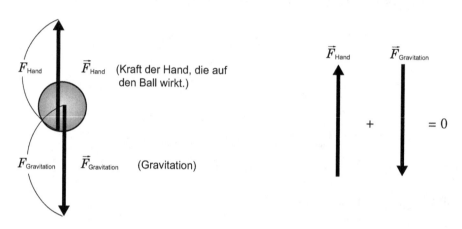

Die Kräfte auf den Ball sind in der Balance, das heißt, die Summe der Kräfte ist 0: $\vec{F}_{Summe} = 0$. Oder anders ausgedrückt: $\vec{F}_{Hand} + \vec{F}_{Gravitation} = 0$

$\vec{F}_{Hand}$ und $\vec{F}_{Gravitation}$ sind Vektoren dergleichen Größe und in entgegengesetzter Richtung, deren Summe 0 ist. Man erhält also in Worten:

Kraft der Hand, die auf den Ball wirkt + Gravitation, die auf den Ball wirkt = Null

Betrachten wir die Werte nun nicht als Vektoren, sondern nur ihre Größe. Auf Seite 37 haben wir erfahren, dass man die Größe einer Kraft so ausdrückt: $|\vec{F}_{Hand}|$ oder $F_{Gravitation}$.
Mit diesen Ausdrücken erhält man: $|\vec{F}_{Hand}| = F_{Hand}$ und $|\vec{F}_{Gravitation}| = F_{Gravitation}$. Wir wissen, dass beide Kräfte gleich groß sind, was man auch so ausdrücken kann:

$$F_{Hand} = F_{Gravitation}, \text{ oder } F_{Hand} - F_{Gravitation} = 0$$

Wenn wir ausgeglichene Kräfte beschreiben wollen, müssen wir immer deutlich machen, ob es sich um Vektoren handelt oder nur die Größe des Werts betrachtet wird.

Erstes Gesetz (Trägheitsgesetz):

Ein Objekt, auf das in der Summe keine Kraft wirkt, ist unbewegt oder behält eine gleichförmige Bewegung bei.

Zweites Gesetz (Gleichheit der Bewegung):

Die Beschleunigung eines Objekts ist proportional zur Kraft, die auf es wirkt, und umgekehrt proportional zu seiner Masse.

Drittes Gesetz (Prinzip von Aktion und Reaktion):

Wenn ein Objekt A auf ein Objekt B eine Kraft ausübt, so wirkt auch eine Kraft der gleichen Größe in umgekehrter Richtung von Objekt B auf Objekt A.

Wir haben die drei Bewegungsgesetze nach Newton kennengelernt und fassen sie hier noch einmal zusammen:

Schauen wir uns die Gesetze noch einmal anhand eines Beispiels an, nämlich eines Balls, den man in der Hand hält.

Mit dem ersten Gesetz können wir sagen, dass die Summe der Kräfte auf ein unbewegtes Objekt den Wert 0 hat. Die Kraft der Hand, die auf den (unbewegten) Ball wirkt, und die Gravitation gleichen sich also aus und die Summe ist 0. Wir haben außerdem gelernt, dass das Prinzip von Aktion und Reaktion das dritte Newton'sche Gesetz ist. Die Kraft der Hand, die auf den Ball wirkt, und die Kraft des Balls, die auf die Hand wirkt, sind in der Größe gleich und in der Richtung entgegengesetzt. Dieses Gesetz wirkt auch dann, wenn sich Ball und Hand bewegen.

Das zweite Newton'sche Gesetz besagt, dass ein Objekt, auf das eine Kraft wirkt, eine beschleunigte Bewegung beginnt. Wenn du plötzlich die Hand, mit der du den Ball hältst, senkst, verringert sich die Größe der Kraft F_{Hand}, die von der Hand auf den Ball wirkt. Hingegen bleibt $F_{Gravitation}$ gleich. Dadurch ist die Kräftebalance gebrochen und die Summe aus $F_{Gravitation}$ und F_{Hand} ist nicht mehr 0:

$$F_{Ball} = F_{Gravitation} - F_{Hand} > 0$$

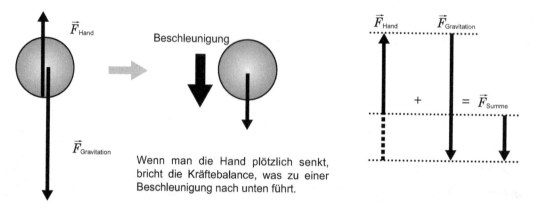

Wenn man die Hand plötzlich senkt, bricht die Kräftebalance, was zu einer Beschleunigung nach unten führt.

Dies drückt die Größe der Kraft aus, die nach unten wirkt. Nach dem zweiten Bewegungsgesetz beschleunigt ein Objekt proportional zur Kraft, die auf es wirkt, sodass der Ball beginnt sich zu bewegen. So erklärt man in der Dynamik die Bewegung eines Balls, die entsteht, wenn man die Hand senkt. Natürlich kann man das ebenso auf den Fall anwenden, dass man die Hand plötzlich hebt.

Eins muss man sich dabei aber merken: Wenn sich ein Ball mit einer bestimmten, gleichbleibenden Geschwindigkeit auf und ab bewegt, sind die Kräfte ausgeglichen und die Summe der Kräfte ist 0 (das ist das erste Bewegungsgesetz). Die Summe der Kräfte ist nur dann ungleich null, wenn die Bewegung des Objekts nicht gleichförmig ist und es beispielsweise eine Beschleunigung gibt. Bewegt sich das Objekt mit einer konstanten Geschwindigkeit, ist die Beschleunigung 0 und demnach auch die Summe der Kräfte; die Kräfte sind also ausgeglichen. Man kann daher immer eine Kraft feststellen, wenn ein Objekt aus einem unbewegten Zustand in Bewegung versetzt wird. Das Objekt ändert seinen Zustand dann von der Geschwindigkeit 0 zu einer bestimmten Geschwindigkeit, es hat also den Bewegungszustand geändert bzw. es beschleunigt.

Einen Vektor zeichnen, der die Gravitation repräsentiert

In der obigen Abbildung sind die Kräfte, die auf den Ball wirken, als Vektoren abgebildet. Wir sehen, dass $\vec{F}_{Hand}$ und $\vec{F}_{Gravitation}$ unterschiedliche Anfangspunkte haben. Zeichnet man eine Linie für die Kraft der Hand auf den Ball, dann beginnt man dort, wo beide sich berühren. Aber warum beginnt die Linie für die Gravitation in der Mitte des Balls? Nun, in der Dynamik behandelt man ein Objekt als einen Punkt (Massepunkt) ohne Volumen. Dann beginnt der Vektor also in diesem Punkt. Wir zeichnen hier unseren Massepunkt mit einem Volumen „drumherum", weil man sich dann einfacher vorstellen kann, dass es ein Ball ist. In diesem Fall wirkt die Gravitation auf das Zentrum des Objekts.

In diesem Buch sind Zeichnungen eines Objekts immer realistisch, wie in der nächsten Abbildung links zu sehen ist. Behalte dennoch im Kopf, dass in der Dynamik ein Objekt immer als Punkt behandelt wird, so wie es hier auf der rechten Seite zu sehen ist:

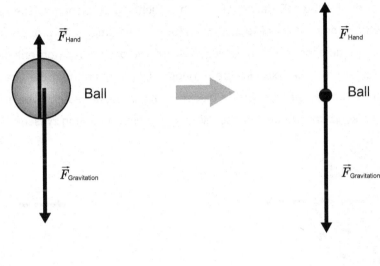

Ein Schritt weiter

Das Prinzip von Aktion und Reaktion in einer Gleichung ausdrücken

Um das Prinzip von Aktion und Reaktion in Worten korrekt zu beschreiben, muss man sich etwas umständlich ausdrücken: „Wenn ein Objekt A auf ein anderes Objekt B trifft, wirkt eine Kraft von Objekt A auf Objekt B und umgekehrt eine Kraft der gleichen Größe, aber mit umgekehrter Richtung, von Objekt B auf Objekt A." Beschreiben wir das Prinzip stattdessen einmal mit einer Gleichung: Eine Kraft wirkt von Objekt A auf Objekt B: $\vec{F}_{A\to B}$, und eine Kraft wirkt von Objekt B auf Objekt A: $\vec{F}_{B\to A}$. Dann lautet das Prinzip von Aktion und Reaktion wie folgt:

$$\vec{F}_{A\to B} = -\vec{F}_{B\to A}$$

Das ist viel kürzer, nicht wahr? Schreiben wir die Werte nun noch als Beträge, erhalten wir:

$$|\vec{F}_{A\to B}| = |-\vec{F}_{B\to A}|$$

Nun sieht man auch, dass die Kräfte in der Aktion und Reaktion die gleiche Größe, aber die entgegengesetzte Richtung (achte auf das Minuszeichen!) haben. So können wir das Prinzip von Aktion und Reaktion viel einfacher ausdrücken als in Worten.

Gravitation

Gravitation ist die Kraft der Erde, Objekte in ihre Richtung zu ziehen. Diese Kraft ist zwischen zwei Objekten proportional zum Produkt ihrer Massen und umgekehrt proportional zum Quadrat ihrer Entfernung zueinander. Diese Anziehungskraft wurde von Newton entdeckt und sie wirkt bei allen Objekten, die über eine Masse verfügen. Daher nennt man die Gravitation auch die „universale Anziehungskraft". Die Größe dieser Kraft wird nicht dadurch beeinflusst, woraus ein Objekt besteht, sondern nur durch dessen Masse und die Entfernung zwischen Objekten.

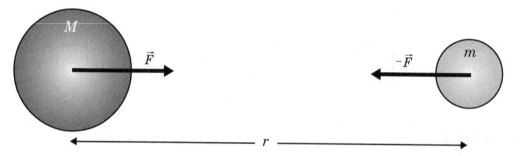

Wir sehen in der Abbildung Folgendes: Wenn sich zwei Objekte mit der Masse M und der Masse m in einer bestimmten Entfernung r zueinander befinden, ist die Größe der Kraft F, die zwischen den beiden Objekten wirkt, so definiert:

$$F = G\frac{mM}{r^2}$$

G ist eine Konstante, man nennt sie auch die Gravitationskonstante und sie hat diesen Wert:
$$G = 6{,}67 \cdot 10^{-11}[\text{N} \cdot \text{m}^2/\text{kg}^2]$$

(Zur Einheit Newton (N) findest du mehr auf S. 93.)

Die Gravitation gehorcht auch dem Prinzip von Aktion und Reaktion. Tatsächlich ist die Gravitation, mit der ein Objekt mit der Masse M ein anderes Objekt mit der Masse m anzieht, in ihrer Größe äquivalent zur Gravitation, mit der ein Objekt mit der Masse m ein anderes Objekt mit der Masse M anzieht. Da ihre Richtungen offensichtlich entgegengesetzt sind, entsprechen sie dem Prinzip von Aktion und Reaktion.

Die Gravitation ist eine sehr kleine Kraft im Vergleich zur Elektrizität. Während Elektrizität sowohl anziehend als auch abstoßend wirken kann – je nach Ladezustand – wirkt die Gravitation stets anziehend. Durch diese Kraft sammelt sich im Weltraum Sternenstaub, der wiederum anderen Sternenstaub anzieht und so weiter, bis sich schließlich im Laufe einer sehr langen Zeit ein Stern oder Planet entwickelt. Während man also oft sagt, dass sich jemand aus dem Staub macht und damit verschwindet, können im Weltraum tatsächlich aus Staub neue Planeten entstehen.

2

Kraft und Bewegung

1. Geschwindigkeit und Beschleunigung

Einfache Bewegung

Bevor wir die Gesetze der Bewegung verstehen können, müssen wir wissen, was Geschwindigkeit und Beschleunigung sind.

Sprechen wir zuerst über Geschwindigkeit. Wir können uns Geschwindigkeit so vorstellen: Ein Objekt bewegt sich in einem konstanten Tempo.

Hmm... Ist das die sogenannte einfache Bewegung?

Ganz genau! Du kannst die Geschwindigkeit solch einer Bewegung wie folgt berechnen.

$$\text{Tempo} = \frac{\text{Entfernung}}{\text{Zeit}}$$

Okay, das ist einfach!

Ich erkläre dir den Unterschied mal ...

... mit diesem ferngesteuerten Auto!

ぱぱぱ
Da-da-da

Tataa!
ぱーん

Was nimmst du eigentlich alles mit in die Schule, Nonomura-kun?

Das ist doch nur ...

... Unterrichtsmaterial! Das hat doch jeder Lehrer dabei!

Seufz

Ich habe in das Auto ein bestimmtes Tempo einprogrammiert!

Im Moment ist es so programmiert, dass es sich mit 50 cm pro Sekunde bewegt, also 0,5 m/s.

Echt? Hätte ich nicht gedacht ...

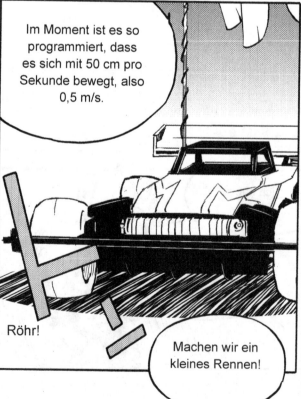

Röhr!

Machen wir ein kleines Rennen!

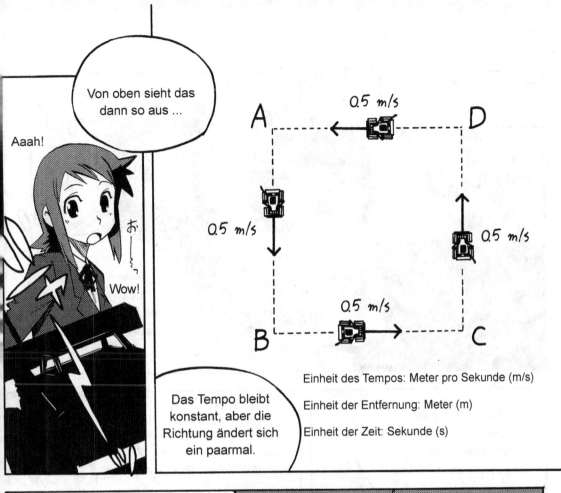

Von oben sieht das dann so aus ...

Aaah!

Wow!

0.5 m/s

A ← D

0.5 m/s

0.5 m/s

0.5 m/s

B → C

Einheit des Tempos: Meter pro Sekunde (m/s)

Einheit der Entfernung: Meter (m)

Einheit der Zeit: Sekunde (s)

Das Tempo bleibt konstant, aber die Richtung ändert sich ein paarmal.

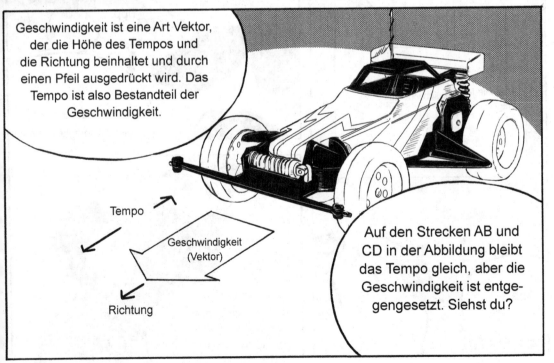

Geschwindigkeit ist eine Art Vektor, der die Höhe des Tempos und die Richtung beinhaltet und durch einen Pfeil ausgedrückt wird. Das Tempo ist also Bestandteil der Geschwindigkeit.

Tempo

Geschwindigkeit (Vektor)

Richtung

Auf den Strecken AB und CD in der Abbildung bleibt das Tempo gleich, aber die Geschwindigkeit ist entgegengesetzt. Siehst du?

🍎 Gleichmäßig beschleunigte Bewegung

Schraub

Schraub

Schraub

Knirsch

Knirsch

Knirsch

カリカリ

カリカリ

Ändern wir mal die Einstellungen. Die Geschwindigkeit steigt jetzt solange, bis sie 0,5 m/s erreicht hat.

Die Änderung der Geschwindigkeit nennt man „Beschleunigung", und so berechnet man sie:

$$\text{Beschleunigung} = \frac{\text{Änderung der Geschwindigkeit}}{\text{Zeit}}$$

Die Einheit der Beschleunigung ist Meter pro Sekunde zum Quadrat, also m/s^2. Man drückt also aus, wie sich die Geschwindigkeit pro Sekunde verändert hat.

Plock

Plock

Tipp

Also teilen wir die Änderung der Geschwindigkeit durch die Zeit?

Aha ...

Genau! Wenn die Geschwindigkeit gleich bleibt und sich also nicht ändert, ist die Beschleunigung gleich 0!

Beep

52

Wenn die Geschwindigkeit steigt, hat die Beschleunigung einen positiven Wert! Und wenn die Geschwindigkeit fällt – also wenn das Auto langsamer wird – ist die Beschleunigung negativ.

Die Weisheit ...

Beschleunigung kann auch negativ sein?

Du kannst es dir vereinfacht auch ...

... als Abnahme der Geschwindigkeit vorstellen!

... der Schildkröte.

Bewegung mit sich konstant verändernder Geschwindigkeit nennt man auch „Gleichmäßig beschleunigte Bewegung".

Geschwindigkeit

Hmm, ferngesteuerte Autos funktionieren normalerweise so, oder?

Jetzt mal ganz in Ruhe.

Ähm, alles klar bei dir?

Genau! Jetzt berechnen wir mal die Beschleunigung unseres Autos, indem wir diese Formel benutzen!

Okay! Los geht's!

Mal sehen! Das Auto bewegt sich in veränderlicher Geschwindigkeit von 0 m/s bis 0,5 m/s – und dafür braucht es 4 Sekunden.

REGEL

$$\text{Beschleunigung} = \frac{\text{Änderung der Geschwindigkeit}}{\text{Zeit}}$$

Wir müssen nur unsere Werte einsetzen.

Ist das richtig?

Ja, genau!

Trau dir ruhig mehr zu!

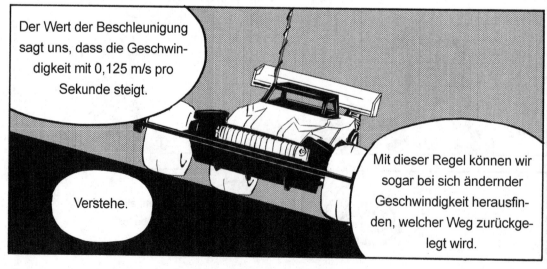

Der Wert der Beschleunigung sagt uns, dass die Geschwindigkeit mit 0,125 m/s pro Sekunde steigt.

Verstehe.

Mit dieser Regel können wir sogar bei sich ändernder Geschwindigkeit herausfinden, welcher Weg zurückgelegt wird.

Den zurückgelegten Weg herausfinden, wenn sich die Geschwindigkeit ändert

Wir ändern die Einstellungen so, dass die Geschwindigkeit gleichmäßig bis auf 0,5 m/s steigt. Hier ist die Aufgabe: Wenn das Auto die Geschwindigkeit von 0,5 m/s in 4 Sekunden erreicht, welchen Weg hat es dann zurückgelegt?

Hmm... Wir beginnen bei 0, und das Maximum ist 0,5 m/s. Wir nehmen für die Geschwindigkeit den Mittelwert, als 0,25 m/s, und erhalten 0,25 m/s · 4 s = 1 m!

Richtig! Ganz schön schlau! Aber kannst du auch erklären, warum du so die richtige Antwort erhältst?

Öhm... Irgendwie ist es doch deine Aufgabe, mir etwas beizubringen, Nonomura-kun!

Stimmt irgendwie. Aber zunächst erkläre ich dir mal allgemein, wie man den zurückgelegten Weg berechnen kann, wenn sich die Geschwindigkeit ändert. Ist die Geschwindigkeit konstant, können wir den zurückgelegten Weg berechnen, indem wir das Tempo durch die Zeit teilen. Da x Meter (m) der Weg ist, der in t Sekunden (s) zurückgelegt wird, und da die konstante Geschwindigkeit v ist (mit m/s als Einheit von v), kann man den Weg so berechnen:

$$x = vt$$

Das ist einfach!

Trägt man die Geschwindigkeit in Metern pro Sekunde auf der y-Achse ein und die Zeit auf der x-Achse, erhält man dies:

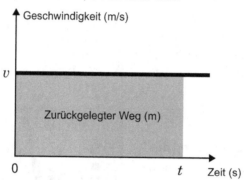

Der graue Bereich stellt den zurückgelegten Weg dar. Diese Abbildung nennt man oft „Zeit/Geschwindigkeits-Graphen", da er eben diese beiden Werte abbildet. Das graue Rechteck hat übrigens eine horizontale Länge von t und eine vertikale Länge von v.

Verstehe. Es ist aber etwas seltsam, dass eine Fläche einen Weg darstellt.

Diese Fläche hier ist keine geometrische Fläche. Normalerweise ist die Einheit für eine Fläche ja Quadratmeter. Du weißt, das bedeutet, dass man die Länge und die Breite miteinander multipliziert. In unserem Beispiel sind die Einheiten jedoch s für die Zeit auf der horizontalen Achse und m/s für die Geschwindigkeit auf der vertikalen Achse. Also ergibt das Produkt dieser Werte s · m/s = m, was wiederum eine Einheit für die Länge eines Wegs ist.

Den zurückgelegten Weg auszurechnen, wenn sich ein Objekt mit konstanter Geschwindigkeit bewegt, ist ja einfach. Aber wie ist es, wenn sich die Geschwindigkeit ändert?

Dann wird es leider etwas komplizierter. Aber wir können es uns zunächst einmal mit einer nicht ganz so komplizierten Methode anschauen.

Wir müssen die Zeit unterteilen, sodass wir viele kleine Rechtecke erhalten. Für jedes Rechteck nehmen wir an, dass die Geschwindigkeit konstant ist. So erhalten wir schließlich den zurückgelegten Weg.

Wie meinst du das genau?

Sieh dir mal die Abbildung auf der einen Seite an:

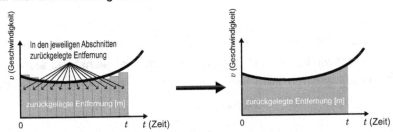

Die Zeitachse wird in viele kleine Abschnitte unterteilt, sodass wir für jeden Abschnitt ein separates Rechteck erhalten. Wir berechnen den zurückgelegten Weg für jedes einzelne Rechteck und erhalten so schließlich den Gesamtweg.

Aber wir haben einige Lücken und auch ein paar Stellen, an denen etwas übersteht. Führt das nicht zu Fehlern?

Ich verstehe deine Bedenken. Aber die Lösung ist einfach, alles in noch kleinere Rechtecke zu unterteilen. Das wiederholen wir so lange, bis keine Lücken mehr da sind und es so aussieht wie in der Abbildung auf der rechten Seite. So berechnen wir den zurückgelegten Weg immer genauer.

In Ordnung.

Würden wir alles in unendlich kleine Rechtecke unterteilen, würden wir den zurückgelegten Weg ganz exakt erhalten. So berechnet man kurz gesagt den zurückgelegten Weg, wenn sich die Geschwindigkeit des Objekts ändert.

Noch mal zusammengefasst: Der Bereich unterhalb des v/t-Graphen ist der zurückgelegte Weg.

Ganz einfach, oder?

Wir merken uns das, was wir gelernt haben, und schauen uns nun an, warum du vorhin ganz intuitiv die richtige Lösung gefunden hast.

In Ordnung!

Also, Ninomiya-san, deine Berechnung entspricht diesem Bereich unterhalb des Geschwindigkeit/Zeit-Graphen, den du hier siehst. So sieht der Graph aus, wenn wir den Weg berechnen wollen, den unser Auto zurückgelegt hat

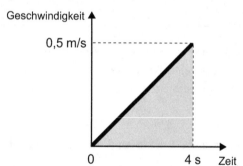

Und die graue Fläche wird diesmal so berechnet:

$$\frac{1}{2} \cdot \text{Zeit} \cdot \text{Geschwindigkeit} = \frac{1}{2} \cdot 4 \cdot 0{,}5 = 1$$

Das entspricht dem zurückgelegten Weg.

Wir haben als Antwort 1 Meter erhalten, wie ich es vorhin gesagt hatte!

Bei einer gleichförmigen Beschleunigung lässt sich der zurückgelegte Weg ganz allgemein wie folgt berechnen, wobei v wieder die Geschwindigkeit ist und a die Beschleunigung: $v = at$

Das wiederum kann als Graph so dargestellt werden:

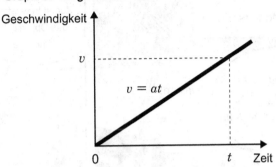

Nehmen wir an, x ist der Weg, der in der Zeit t zurückgelegt wird – der Wert sollte dem Bereich des folgenden Dreiecks entsprechen, mit der Länge t und der Höhe at.

$$v = \frac{1}{2}at^2$$

Siehst du?

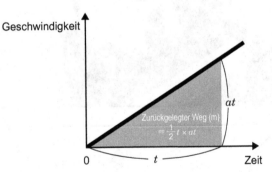

Ähm, wendet man die Gleichung auf unser Beispiel mit dem Auto an, erhalten wir dies: $\frac{1}{2} \cdot 0{,}125 \cdot 4^2 = 1$. So wie es sein sollte!

Jetzt kannst du einen Weg berechnen, der mit gleichbleibender Geschwindigkeit oder mit gleichmäßiger Beschleunigung zurückgelegt wird, Ninomiya-san!

2. Das Prinzip von Aktion und Reaktion

🍎 Das Trägheitsprinzip

Schauen wir uns die Bewegung eines Objekts mal anders an

Wroom!

Zuerst bewegt sich das Objekt nicht. Dann sind ...

Stimmt!

... die Kräfte ausgeglichen.

Ja, genau.

Halt fest

Wir erinnern uns daran, dass zwar unterschiedliche Kräfte wirken, aber sie heben sich alle gegenseitig auf.

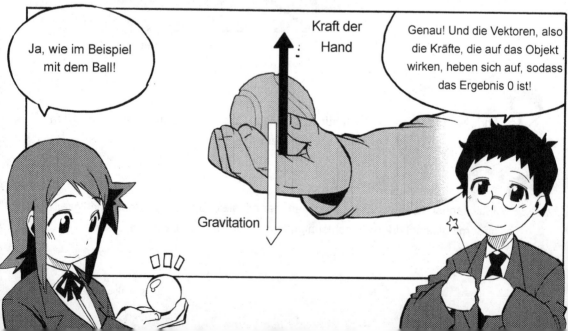

Ja, wie im Beispiel mit dem Ball!

Kraft der Hand

Gravitation

Genau! Und die Vektoren, also die Kräfte, die auf das Objekt wirken, heben sich auf, sodass das Ergebnis 0 ist!

61

Der Zustand, in dem keine Kräfte auf ein unbewegtes Objekt einzuwirken scheinen, hat mit dem ersten Newton'schen Gesetz zu tun.

Tatsächlich?

Du kannst mit einem Instrument prüfen, dass die Spannung des Seils gleich der Gravitation ist.

Dieses Gesetz sagt uns nämlich genau das: die Summe aller Kräfte, die auf ein unbewegtes Objekt wirken, ist 0. Aber dazu später mehr.

Verstehe ...

Ich frage mich, ob die Summe auch dann 0 ist, wenn das Objekt nicht in der Luft hängt!

Ich wollte dir das eigentlich zuerst erklären, aber ...

... stattdessen ziehe ich mal an dem Seil, das am Gewicht hängt.

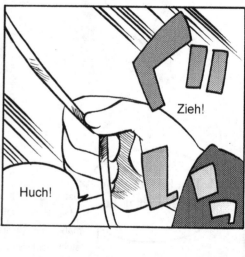

Zieh!

Huch!

Stillstand

Wow, sieh mal: Es bleibt genau in diesem Zustand!

Die Summe sollte also 0 sein.

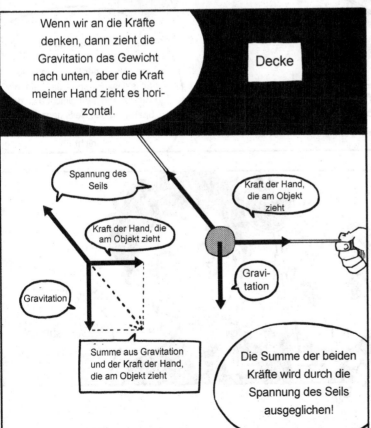

Wenn wir an die Kräfte denken, dann zieht die Gravitation das Gewicht nach unten, aber die Kraft meiner Hand zieht es horizontal.

Decke

Spannung des Seils

Kraft der Hand, die am Objekt zieht

Kraft der Hand, die am Objekt zieht

Gravitation

Gravitation

Summe aus Gravitation und der Kraft der Hand, die am Objekt zieht

Die Summe der beiden Kräfte wird durch die Spannung des Seils ausgeglichen!

Also heben sich die Gravitation und die Kraft der Hand gegenseitig auf, nicht wahr?

Gravitation

Kraft der Hand, die am Objekt zieht

2 Kraft und Bewegung 63

Normalerweise bremst die Reibung ein bewegtes Objekt, sodass es zum Stillstand kommt, wenn sonst keine Kraft auf es einwirkt.

Schramm

Jupieee!

Aber im Weltraum gibt es keine Reibung!

Und daher bewegt man sich auch ohne zusätzliche Kraft weiter?

Genau!

Geht's dem Typen gut?

Eine gleichmäßige Bewegung wird im Weltraum fortgesetzt, auch wenn die auf den Körper wirkenden Kräfte gleich 0 sind!

Wink!

Er geht wohl zurück.

Ja ...

Konzentrieren wir uns nun auf das Gewicht eines Objekts!

Krach!

Ist das groß! Und schwer!

Wenn du solch ein Riesenpaket mitnehmen willst, musst du viel mehr Kraft aufbringen, um in die Pedale zu treten.

Ohhh...

Quietsch

Quietsch

Die zusätzliche Last macht es schwieriger zu beschleunigen.

Völlig fertig

Daher können wir annehmen, dass das Gewicht umgekehrt proportional zur Beschleunigung ist.

Schwitz

Puh ...

Das Gewicht ist eine „Masse" und demnach ist die Masse umgekehrt proportional zur Beschleunigung.

Was ist denn der Unterschied zwischen Gewicht und Masse?

Einfach ausgedrückt ist das Gewicht eines Objekts die Größe der Gravitation, die auf ihn einwirkt.

Ein Objekt mit einem bestimmten Gewicht auf der Erde hätte ein anderes Gewicht, wenn es auf dem Mond wäre.

Und was ist Masse?

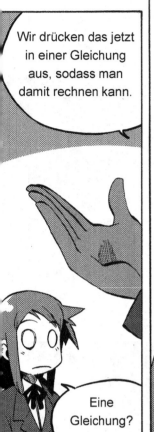

Wir drücken das jetzt in einer Gleichung aus, sodass man damit rechnen kann.

Eine Gleichung?

Pass auf:
Beschleunigung ist a.
Kraft ist F.
Masse ist m.
Dann ergibt das:

$$a = \frac{F}{m}$$

Eine Gleichung!

Die Gleichung bedeutet Folgendes: Wenn die Kraft F verdoppelt wird, wird auf die Beschleunigung a verdoppelt. Und wenn die Masse m verdoppelt wird, wird die Beschleunigung a halbiert.

$$2^a = \frac{2^F}{1_m}$$

Grabsch

$$1^a = \frac{1}{1_m}$$

$$\frac{1}{2}^a = \frac{1}{2}^F_m$$

Mit einer Gleichung klingt es doch wieder nach Physik, finde ich.

Dreh

Dreh

Wir formen es um!

Und wir erhalten zum Beispiel das.

$$ma = F$$

Mal sehen ...

Anders ausgedrückt ist ...

Masse mal Beschleunigung gleich Kraft.

Stimmt's?

Genau!

Das nennt man auch die Bewegungsgleichung. Damit können wir unser Gesetz präzise ausdrücken.

Aber ich verstehe noch nicht, wie aus Masse multipliziert mit Beschleunigung dann Kraft werden kann.

Hmm, es ist schwie-
rig, dir ein praktisches
Beispiel zu geben.

Eben!

Siehst du?!

Aber da wir bislang den
Begriff „Kraft" ohne eine
präzise Vorstellung von
ihm benutzt haben, ...

In der Physik wird
Kraft so definiert:
Kraft =
Masse · Beschleunigung

Heißt das, wenn man Masse
mit Beschleunigung multipliziert, erhält man den genau-
en Wert der Kraft?

Genau!

Umgekehrt kann man
die Masse so berech-
nen: Masse = Kraft /
Beschleunigung

Pfeif!

Wow!

Sollen wir uns
einen aktuellen
Fall anschauen?

In Ordnung!

Den genauen Wert einer Kraft bestimmen

 Du erinnerst dich sicher daran, dass wir uns zuerst gegenseitig geschoben haben, als wir auf Inlinern standen. Ich habe davon sogar ein Video gemacht!

 Das hab ich gar nicht mitbekommen!

 Das war auch meine Absicht!

 Du machst mir Angst! Und was hat das mit unserem heutigen Thema zu tun?

 Nehmen wir an, ich hätte das Video analysiert, um einen Graphen der Zeit und der Geschwindigkeit zu erstellen.

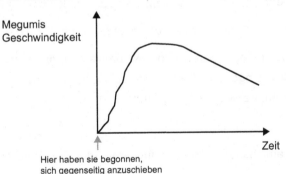

 Hm, die Geschwindigkeit steigt erst bis zu einem bestimmten Punkt und fällt dann langsam. Aber es sieht so aus, als würde sich die Geschwindigkeit mal mehr und mal weniger ändern.

In dem Fall ist es hilfreich, den Graphen in verschiedene Abschnitte zu unterteilen, innerhalb derer die Geschwindigkeit sich im Durchschnitt nicht ändert.

Anders gesagt: In jedem Abschnitt fand eine gleichförmige Bewegung statt.

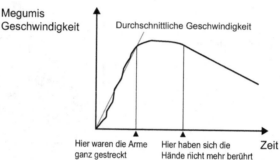

Megumis
Geschwindigkeit

Durchschnittliche Geschwindigkeit

Hier waren die Arme
ganz gestreckt

Hier haben sich die
Hände nicht mehr berührt

Zeit

Verstehe.

Bei der gleichmäßigen Beschleunigung kann man die Beschleunigung so
berechnen: Beschleunigung = Geschwindigkeitsänderung / Zeit. Wir nehmen an,
dass deine Beschleunigung, die durch meine Hand ausgelöst wurde, 0,6 m/s^2
beträgt. Dann multiplizieren wir das mit deinem Gewicht, also 40 kg.

$$\text{Kraft} = \text{Masse} \cdot \text{Beschleunigung} = 40 \cdot 0,6 = 24 \text{ kg} \cdot \text{m/s} = 24 \text{ N}$$

Nach dieser Berechnung, Ninomiya-san, habe ich mit einer Kraft von 24 N auf
dich eingewirkt. Das N steht übrigens für „Newton" und es ist die Einheit der
Kraft. Es gilt: 1 n = 1 kg $\cdot$ m/s^2

Damit haben wir die genaue Größe der Kraft berechnet!

Eine Kraft kann also berechnet werden, indem man die Beschleunigung eines
Objekts benutzt, die durch diese Kraft verursacht wurde, sowie die Masse des
Objekts. Damit kann man übrigens auch andere Kräfte berechnen.

Die Bewegung eines geworfenen Balls

Jetzt kennen wir einige Definitionen der Kraft!

Klack

Schauen wir uns die Richtung von Bewegungen ein wenig an.

Ist das das Gleiche wie die Richtung einer Kraft?

Klack

Ja! Es ist die Richtung der Kraft, die auf einen Ball wirkt, wenn man ihn wirft!

Nimm an, der Ball befindet sich an Punkt A, B oder C. Und dann zeichne die Richtung, in der die Kraft auf den Ball einwirkt.

Aber wir lassen den Einfluss der Luft mal außen vor.

Richtung der Wurfbewegung

B

Position 0,4 s später

A

Position 0,2 s später

Position 0,6 s später

C

Mal sehen ...
Der Ball bewegt sich vorwärts, wenn die Kraft auf ihn wirkt.

Und rund herum ...

Eine Kraft muss in der Richtung der Bewegung wirken. Also in diese Richtung, oder?

Stimmt! Ich hatte befürchtet, dass du die Frage beantworten kannst ...

Grrrr....

Wäre es dir etwa lieber, wenn ich mich total blöd anstelle?

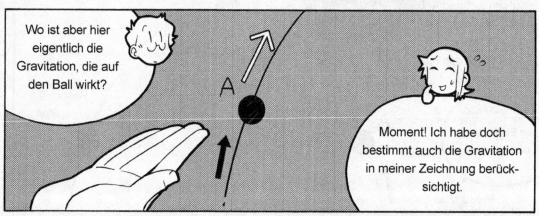

Wo ist aber hier eigentlich die Gravitation, die auf den Ball wirkt?

Moment! Ich habe doch bestimmt auch die Gravitation in meiner Zeichnung berücksichtigt.

Bei Punkt A sollten alle Kräfte außer der Gravitation schräg nach oben wirken. Woher kommen all diese Kräfte?

Naja, das müsste die Kraft der Hand sein, die den Ball wirft, oder?

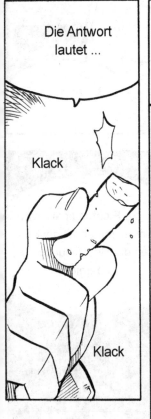

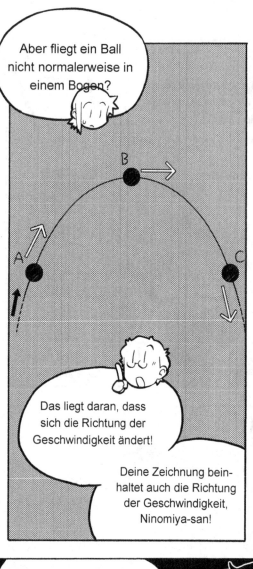

Aber fliegt ein Ball nicht normalerweise in einem Bogen?

Das liegt daran, dass sich die Richtung der Geschwindigkeit ändert!

Deine Zeichnung beinhaltet auch die Richtung der Geschwindigkeit, Ninomiya-san!

Die Richtung der Geschwindigkeit ...

Glaube nicht, dass eine Kraft auch in die Richtung der Bewegung wirkt!

Die Kraft, die ein Objekt stoppt, wirkt einfach entgegengesetzt zur Richtung der Bewegung, also der Geschwindigkeit.

Ja, so ist es!

Normalerweise stimmt die Richtung der Geschwindigkeit nicht mit derjenigen der Kraft überein.

Aber ...

... die Richtung der Kraft stimmt immer mit derjenigen der Beschleunigung überein!

Total ...

... wichtig!

Das heißt ...

Ich habe alle Vektoren mit der gleichen Länge gezeichnet, aber wenn sie die Geschwindigkeit darstellen, ...

... müssten sie unterschiedlich lang sein, stimmt's?

Genau das ist es!

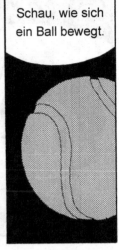

Schau, wie sich ein Ball bewegt.

Wenn er nach oben fliegt, wird die Bewegung immer langsamer.

Pong

Wenn er zu fallen beginnt, wird er wieder schneller.

Stimmt!

Um herauszufinden, wie sich die Geschwindigkeit ändert, müssen wir die Beschleunigung berücksichtigen.

Der Ball erhält die Beschleunigung durch die Gravitation.

Schnapp

Du meinst, wenn er von oben herabfällt?

Man nennt es die Beschleunigung der Gravitation oder auch Erdbeschleunigung oder kurz g. Und die Erdbeschleunigung beträgt ungefähr 9,8 m/s^2

Und das ist so festgelegt?

Die Erdbeschleunigung hängt nicht von der Masse des Objekts ab.

Sie beschleunigt ein Objekt immer mit 9.8 m/s^2 Richtung Erdmittelpunkt.

Oh!

Lass ein Objekt fallen und miss die Beschleunigung. Du wirst immer den Wert 9,8 m/s^2 erhalten

Klack

Klack

Klack

Denk nach!

Ich zeichne einen Vektor dafür, wie sich die Geschwindigkeit in Abhängigkeit von der Beschleunigung ändert.

Klack

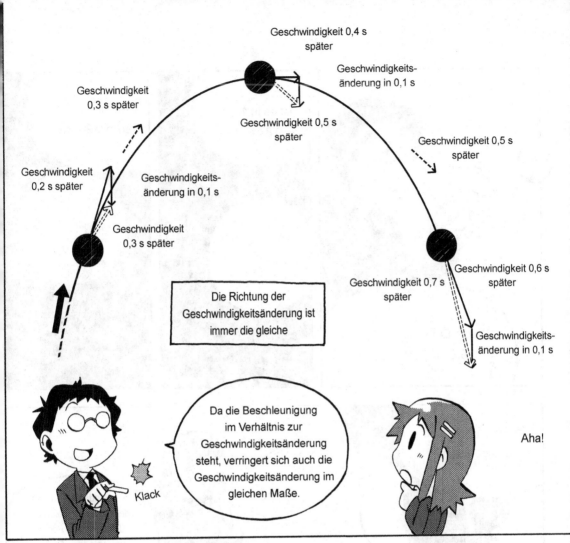

Geschwindigkeit 0,4 s später

Geschwindigkeits-änderung in 0,1 s

Geschwindigkeit 0,3 s später

Geschwindigkeit 0,5 s später

Geschwindigkeit 0,5 s später

Geschwindigkeit 0,2 s später

Geschwindigkeits-änderung in 0,1 s

Geschwindigkeit 0,3 s später

Die Richtung der Geschwindigkeitsänderung ist immer die gleiche

Geschwindigkeit 0,7 s später

Geschwindigkeit 0,6 s später

Geschwindigkeits-änderung in 0,1 s

Da die Beschleunigung im Verhältnis zur Geschwindigkeitsänderung steht, verringert sich auch die Geschwindigkeitsänderung im gleichen Maße.

Klack

Aha!

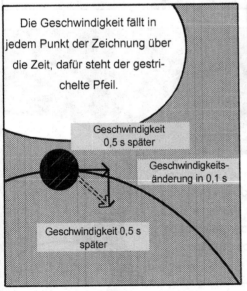

Die Geschwindigkeit fällt in jedem Punkt der Zeichnung über die Zeit, dafür steht der gestri-chelte Pfeil.

Geschwindigkeit 0,5 s später

Geschwindigkeits-änderung in 0,1 s

Geschwindigkeit 0,5 s später

Deshalb sinkt das Tempo, wenn der Ball nach oben fliegt, und es steigt wieder, wenn er fällt!

Woosh

Werf

Da die Erdbeschleunigung 9,8 m/s² beträgt ...

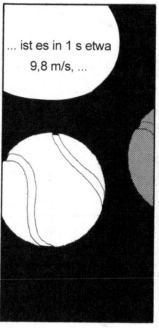

... ist es in 1 s etwa 9,8 m/s, ...

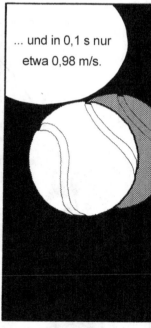

... und in 0,1 s nur etwa 0,98 m/s.

Die Geschwindigkeit verringert sich.

Pong

Also sind die Richtung der Kraft und diejenige der Bewegung doch verschiedene Dinge!

Bis jetzt dachte ich, ich könnte einen Ball nicht ohne eine Kraft bewegen.

Unbewegte Objekte brauchen eine Kraft, um sich zu bewegen. Aber wenn sie sich einmal bewegen, gilt das Gesetz der Trägheit.

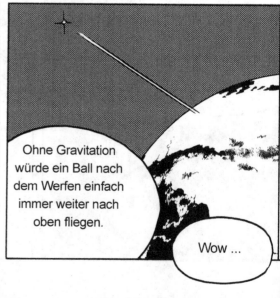

Ohne Gravitation würde ein Ball nach dem Werfen einfach immer weiter nach oben fliegen.

Wow ...

Darf ich dich etwas fragen, Ninomiya-san?

Du hast sicher bemerkt, dass es einen Unterschied gibt, was in der Physik mit „Kraft" gemeint ist und was darunter im täglichen Leben verstanden wird, oder?

Klar, ich hab' jetzt den totalen Durchblick!

Wir haben jetzt die Grundlagen der Newton'schen Gesetze kennengelernt: Das Trägheitsprinzip, die Bewegungsgleichung und das Prinzip von Aktion und Reaktion.

Hurra!

Deine Erklärungen waren wirklich sehr hilfreich, Nonomura-kun!

Freut mich, das zu hören!

Physik besteht aus diesen 3 Gesetzen. Und die haben wir jetzt gelernt!

Echt? Das sind ja unglaubliche Gesetze, wenn sie die ganze Physik ausmachen!

Das nächste Mal erzähle ich dir etwas über den Impuls.

Und wir machen so flugs weiter!

Haha, „flugs"! Du kennst echt komische Wörter!

Wir haben schon wieder so lange gelernt!

Die beiden ...

... sind neuerdings dauernd zusammen im Physikraum!

Sehr verdächtig!

Drei Regeln zur gleichförmigen Beschleunigung

Schauen wir uns einmal die gleichförmige Beschleunigung eines Objekts an, das sich gerad-inig bewegt. Die Geschwindigkeit des Objekts zum Zeitpunkt 0 sei v_0, zum Zeitpunkt t sei die Geschwindigkeit v, in der Zeit t wird die Strecke x zurückgelegt* und die Beschleunigung des Objekts sei a. Dann gelten die folgenden drei Regeln:

$$v = at + v_0 \tag{1}$$

$$x = v_0 t + \frac{1}{2} at^2 \tag{2}$$

$$v^2 - v_0^2 = 2ax \tag{3}$$

Schauen wir, wie diese Regeln hergeleitet werden.

Zuerst Regel (1). Wenn die Beschleunigung konstant ist, gilt:

Geschwindigkeitsänderung = Beschleunigung · Zeit

Da die Geschwindigkeitsänderung $v - v_0$ ist, ergibt sich durch Einsetzen also: $v - v_0 = at$

Und schon haben wir Regel (1)!

Schauen wir uns jetzt Regel (2) an. Auf Seite 57 haben wir gelernt, dass die zurückgelegte Strecke mit der Fläche unter dem v-t-Graphen berechnet wird. Nach Regel (1) sollte der v-t-Graph wie folgt aussehen: Aus der Fläche unterhalb des v-t-Graphen berechnen wir die zurück-gelegte Strecke:

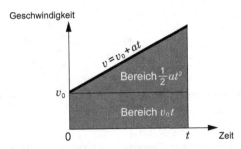

Da die Fläche des Rechtecks im unteren Bereich des Graphen $v_0 t$ ist und die Fläche des Rechtecks im oberen Bereich $1/2at^2$ ist (du kannst die Fläche auch als Trapez berechnen),

---

*Genau gesagt ist x nicht die Strecke, sondern die Änderung des Ortes. Wenn $x < 0$ ist, beträgt die zurückgelegte „Strecke" $-x$.

erhalten wir die folgende Gleichung:

$$x = v_0 t + \frac{1}{2} a t^2$$

Damit haben wir auch Regel (2) erklärt.

Regel (3) kann dann von den ersten beiden Regeln hergeleitet werden. Wenn wir Regel (1) in Regel (2) einsetzen, erhalten wir:

$$x = v_0 \left(\frac{v - v_0}{a} \right) + \frac{1}{2} a \left(\frac{v - v_0}{a} \right)^2$$
$$= \frac{(2 v_0 v - 2 v_0^2) + (v^2 - 2 v_0 v + v_0^2)}{2a}$$
$$= \frac{v^2 - v_0^2}{2a}$$

Wir multiplizieren beide Seiten mit $2a$ und erhalten Regel (3)!

Regeln des Parallelogramms

Da Kraft ein Vektor ist, müssen wir beim Rechnen nun die Regeln für das Rechnen mit Vektoren beachten, die wir in Kapitel 1 kennengelernt haben. Wir haben erklärt, wie die Summe der Kräfte berechnet wird, die entlang einer geraden Strecke wirken. Die Summe kann mit den Regeln eines Parallelogramms (S. 64) berechnet werden und liegt nicht auf der geraden Linie der beiden Ausgangskräfte. Nehmen wir an, auf ein Objekt wirken die zwei Kräfte $\vec{F_A}$ und $\vec{F_B}$. Dann ist die Summe der Kräfte in der folgenden Abbildung rechts dargestellt durch den doppelten Pfeil, der diagonal nach oben zeigt:

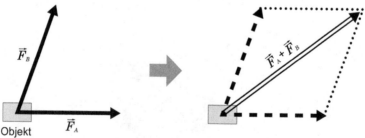

Die Größe und die Richtung dieser Summe der beiden Kräfte ergibt sich durch die Addition der Vektoren (auf Seite 38 haben wir mehr darüber erfahren).

Bildlich ist dies in der Abbildung auf der nächsten Seite dargestellt (rechts finden wir wiederum die Summe der Kräfte bzw. der Vektoren). Da $\vec{F_A} + \vec{F_B}$ auf der rechten Seite der Diagonalen eines

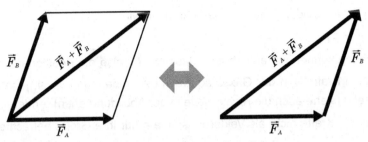

Parallelogramms entsprechen, gelten hier die Regeln des Parallelogramms.

Die hier dargestellte Beziehung gilt für die Addition zweier beliebiger Vektoren. Anders ausgedrückt bedeutet dies, dass die Addition zweier Vektoren den Regeln eines Parallelogramms folgt. Dies gilt übrigens auch, wenn zwei Vektoren, die eine gerade Linie bilden, addiert werden. Dann nimmt man an, das Parallelogramm wäre vollkommen flach. Auch die Summe von drei oder mehr Kräften kann man so berechnen, indem man die Regeln des Parallelogramms mehrmals nacheinander anwendet.

Kräfte addieren und zerlegen

Da eine Kraft ein Vektor ist, kann man Kräfte addieren, indem man die Regeln zur Addition von Vektoren anwendet. Umgekehrt kann man eine Kraft als eine Addition mehrerer Vektoren auffassen und – um ein Problem leichter lösen zu können – diese Kraft in verschiedene Vektoren zerlegen.

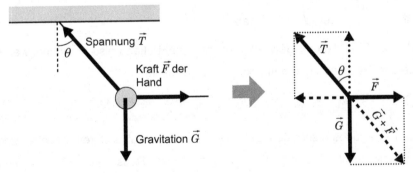

Schauen wir uns noch einmal die Kräftebalance (Seite 63) an, wenn etwas von der Decke hängt und eine horizontale Kraft wirkt. Die Abbildung oben zeigt die Gravitation $\vec{G}$, die horizontale Kraft $\vec{F}$ und die Spannung des Seils $\vec{T}$. Da sich das Gewicht nicht bewegt, sind die drei Kräfte im Gleichgewicht und ihre Addition ergibt 0:

$$\vec{G} + \vec{F} + \vec{T} = 0$$

Subtrahieren wir auf beiden Seiten $\vec{T}$, dann erhalten wir:

$$\vec{G} + \vec{F} = -\vec{T}$$

Dieser Gleichung können wir entnehmen, dass $\vec{G} + \vec{F}$, also die Addition der Gravitation $\vec{G}$ und der horizontalen Kraft $\vec{F}$, in der Größe äquivalent zur Spannung $\vec{T}$ ist, jedoch in der Richtung entgegengesetzt (siehe auch die rechte Seite in der Abbildung oben). Andererseits: Wie sähe es aus, wenn wir die Kräfte nicht als Vektoren, sondern nur ihre Größe betrachten würden? Es sei die Größe der Gravitation $\mid \vec{G} \mid = G$, die Größe der horizontalen Kraft $\mid \vec{F} \mid = F$, die Größe der Spannung $\mid \vec{T} \mid = T$ und der Winkel zwischen Seil und dem herabhängenden Objekt θ.

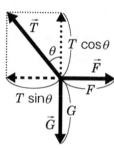

Die Kräfte sind horizontal ausgeglichen, also gilt:

$$F = T \sin \theta$$

Die Kräfte sind vertikal ausgeglichen, also gilt:

$$G = T \cos \theta$$

Wir bilden den Tangens und erhalten:

$$\tan\theta = \frac{F}{G} \quad \text{oder} \quad F = G \tan\theta$$

Die Größe der Kraft, die das Gewicht horizontal „zieht", kann also berechnet werden, wenn man die Größe der Gravitation und den Winkel des Seils kennt.

Der Zustand, in dem keine Kräfte wirken

Das erste Bewegungsgesetz besagt, dass ein Objekt, auf das keine Kräfte wirken, sich nicht bewegt oder seine gleichförmige Bewegung beibehält. Dass „keine Kräfte wirken" heißt nichts anderes, als dass – selbst wenn doch Kräfte auf das Objekt wirken – die Summe aller dieser Kräfte 0 ist. Ein Objekt im Weltraum, in dem ja keine Gravitation wirkt, würde also für alle Zeit unbewegt bleiben oder seine gleichförmige Bewegung fortsetzen, solange keine andere Kraft auf es wirkt. Auf ein Objekt auf deinem Schreibtisch wirkt hingegen die Gravitation. Das Objekt bewegt sich trotzdem nicht, weil die Kraft des Schreibtischs „dagegen wirkt" und die Summe der Kräfte 0 ist.

Das zweite Bewegungsgesetz beschreibt, wie ein Objekt seine Bewegung ändert, wenn eine Kraft auf es wirkt. Doch bevor wir uns das genauer anschauen, überlegen wir zunächst, wie ein Zustand aussehen würde, in dem tatsächlich keine Kräfte wirken.

Der Zustand, in dem Kräfte wirken

Wenn eine bestimmte Kraft auf ein Objekt wirkt, beschleunigt es proportional zu dieser Kraft. Da Kraft und Beschleunigung Vektoren sind, besteht also eine Beziehung zwischen diesen Vektoren. Nehmen wir an, der Vektor der wirkenden Kraft sei $\vec{F}$, die Beschleunigung des Objekts sei $\vec{a}$ und die Masse des Objekts sei m, dann sieht das zweite Bewegungsgesetz so aus:

$$m\vec{a} = \vec{F}$$

Eine Masse ist nur eine Größe, sie enthält keine Richtung. Beschleunigung und Kraft hingegen verfügen auch über eine Richtung. Nach dem ersten Bewegungsgesetz bewegt sich ein Objekt geradlinig, bis eine Kraft auf es wirkt. Um die Richtung der Bewegung zu ändern, muss man also Kraft aufbringen. Das zweite Bewegungsgesetz besagt dann, wie sich die Richtung der Bewegung ändert, und zwar in Abhängigkeit von der Kraft, die auf das Objekt wirkt.

Auf Seite 51 haben wir ein ferngesteuertes Auto gesehen, das in einer gleichförmigen Bewegung (in Form eines Quadrats) unterwegs war. Es fährt stets in einer geraden Linie und die Summe aller Kräfte ist 0. Um im Quadrat zu fahren, muss es jedoch in den Ecken die Richtung ändern. Hier wirkt also eine Kraft. Die Richtung der Geschwindigkeit ändert sich in unserem Beispiel nicht (das Auto fährt ja immer vorwärts und nicht rückwärts), aber die Beschleunigung ändert sich.

Auf Seite 68 haben wir mit einem ähnlichen Beispiel erklärt, dass sich die Größe der Beschleunigung proportional zur Größe der Kraft und umgekehrt proportional zur Masse ändert. Allerdings ist die Beziehung zwischen Richtung der Kraft und der Richtung der Beschleunigung im Beispiel mit dem Fahrrad ziemlich komplex, denn es werden Kräfte umgewandelt und die kreisförmige Bewegung der Pedalen wird über die Kette auf die Räder übertragen, und das Fahrrad bewegt sich schließlich durch die Hebelwirkung der Reifen auf dem Boden.

Nach dem zweiten Bewegungsgesetz entspricht die Richtung der Beschleunigung immer der Richtung der Kraft. Allerdings korrespondiert die Richtung der Geschwindigkeit nicht direkt mit der Richtung der Beschleunigung oder der Richtung der Kraft. Die Beziehung zwischen Beschleunigung und Geschwindigkeit haben wir auf Seite 52 kennengelernt und können sie so aufschreiben:

Geschwindigkeitsänderung = Beschleunigung · Zeit

Daher entspricht die Richtung der Geschwindigkeitsänderung der Richtung der Beschleunigung. Schauen wir uns ein Beispiel an und stellen uns vor, dass sich ein Objekt bewegt mit der konstanten Geschwindigkeit $\vec{v}$ bewegt. Wenn keine Kraft wirkt, bewegt sich das Objekt gleichförmig mit $\vec{a}$ und der Geschwindigkeit $\vec{v}$, und zwar nach dem ersten Bewegungsgesetz. Wie ändert sich nun die Geschwindigkeit, wenn für eine kurze Zeit T eine Kraft vertikal auf das Objekt wirkt? Wenn die Beschleunigung, die durch diese Kraft entsteht, a ist, und die Geschwindigkeit nach der Krafteinwirkung $\vec{v}\,'$, lässt sich aus der obigen Gleichung das Folgende ableiten:

$\vec{v}\,' - \vec{v} = \vec{a}\,T$, also $\vec{v}\,' = \vec{v} + \vec{a}\,T$

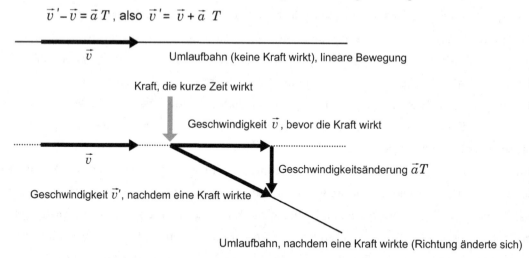

So erhalten wir die Geschwindigkeit nach der Krafteinwirkung.

Also ändert Kraft die Richtung, in der sich das Objekt bewegt, und die Richtung der Geschwindigkeit entspricht der Richtung der Bewegung.

Wirft man wie im Beispiel auf Seite 77 einen Ball, dann wirkt weiterhin die Gravitation auf den Ball. Da die Gravitation mit konstanter Größe nach unten wirkt, ist dies auch die Richtung der Geschwindigkeitsänderung. Man kann es auch so sagen: Die Geschwindigkeit des Balls hängt

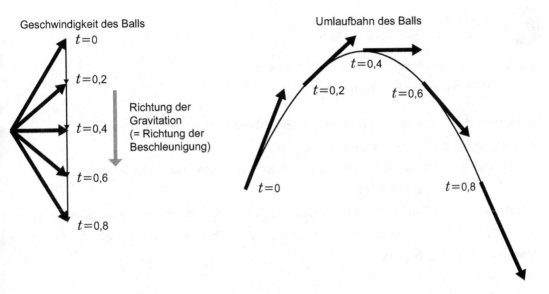

Geschwindigkeit des Balls

Umlaufbahn des Balls

$t=0$

$t=0,2$

Richtung der
Gravitation
(= Richtung der
Beschleunigung)

$t=0,4$

$t=0,6$

$t=0,8$

$t=0,4$

$t=0,2$

$t=0,6$

$t=0$

$t=0,8$

davon ab, dass eine konstante Größe horizontal wirkt und gewisse Änderungen nach unten durch eine vertikale Bewegung realisiert werden (siehe Abbildung oben). Da die Umlaufbahn die Richtungen einer sich verändernden Geschwindigkeit repräsentiert, erhält man eine Parabel, wie in der Abbildung zu sehen ist.

Objekte haben keine Kraft

Wenn man sich nie mit Dynamik befasst hat, denkt man vielleicht: „Ein Objekt in Bewegung hat eine bestimmte Kraft!" Aber das stimmt nicht. Wir haben gelernt, dass Kraft zwischen zwei Objekten besteht, die wechselseitig aufeinander einwirken. Ein Objekt in Bewegung hat also nicht „in sich selbst" eine Kraft, durch die es sich bewegen könnte.

Schauen wir uns nochmals das Beispiel an, dass wir einen Ball werfen. Bis der Ball die Hand verlässt, wirkt die Kraft der Hand auf ihn. (Und umgekehrt wirkt die Kraft des Balls auf die Hand, aber diese Kraft hat nichts mit der Bewegung des Balls zu tun.) Wenn der Ball die Hand verlassen hat, wirkt nur noch die Gravitation auf ihn. Und denk daran: Die Kraft der Hand bleibt auch nicht im Ball, nachdem der Ball die Hand verlassen hat.

Die Bewegungsgleichung bestimmt die Einheit der Kraft:

Kraft = Masse · Beschleunigung

Die Einheit der Masse ist [kg], während die Einheit der Beschleunigung [m/s^2] ist.

Also ergibt sich als Einheit für die Kraft: [kg · m/s^2]

Da die Kraft eine zentrale Einheit in der Physik ist, gibt es folgende Definition:

1 [N] (1 Newton) = 1 [kg · m/s^2]

Die Einheit der Kraft trägt also den Namen des Physikers Newton, der die Mechanik begründet hat. Eine Kraft von 1 N entspricht der Kraft, die man aufbringen muss, um ein Objekt von 1 kg Masse um 1 m/s^2 zu beschleunigen.

Ein Schritt weiter

Wie Masse und Kraft bestimmt werden

Jetzt schauen wir uns an, wie man die Masse eines Objekts bestimmen kann. Wir wissen, dass man eine Waage benutzen kann, um das Gewicht eines Objekts zu messen. Dabei wird ausgenutzt, dass die Gravitation, die auf ein Objekt wirkt, proportional zu seiner Masse ist. Wenn die Masse so bestimmt wird, nennt man dies auch eine Gravitationsmasse oder „schwere Masse". Im täglichen Leben benutzen wir oft eine Waage, das heißt, wir bestimmen häufig die Gravitationsmasse eines Objekts.

Masse, die mithilfe der Bewegungsgleichung berechnet wird, repräsentiert einen Widerstand des Objekts gegen die Beschleunigung und steht in keiner direkten Beziehung zur Gravitation. Diese Masse, die in der Gleichung Masse = Kraft / Beschleunigung enthalten ist, nennt man „träge Masse".

Träge Masse kann gemessen werden, indem man die Bewegungsgleichung und das Prinzip von Aktion und Reaktion miteinander kombiniert. Zuerst brauchen wir ein Objekt als Referenz für die Größe der Masse (wir nennen es dementsprechend „Referenzobjekt"). Dann ordnen wir

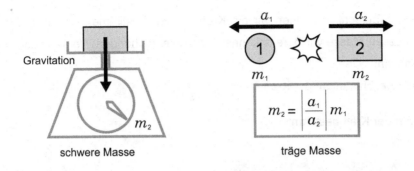

| schwere Masse | träge Masse |

das Referenzobjekt und das Objekt, dessen Masse wir bestimmen wollen so, dass ihre Kräfte wechselseitig aufeinander wirken können (ohne dass eine zusätzliche Kraft von außen wirkt). Jetzt werden die Kräfte der beiden Objekte durch das Prinzip von Aktion und Reaktion bestimmt. Nun können wir die Kraft in der Bewegungsgleichung für diese beiden Objekte entfernen und wir erhalten diesen Ausdruck:

Masse des Referenzobjekts · Größe der Beschleunigung des Referenzobjekts =
Masse des zu messenden Objekts · Größe der Beschleunigung des zu messenden Objekts

Wenn wir annehmen, dass das Referenzobjekt die Masse 1 hat, erhalten wir Folgendes:

$$\text{Masse des zu messenden Objekts} = \frac{\text{Größe der Beschleunigung des Referenzobjekts}}{\text{Größe der Beschleunigung des zu messenden Objekts}}$$

Die Beschleunigung eines Objekts kann man auch mit einem Experiment herausfinden, in dem man die zurückgelegte Distanz und die benötigte Zeit misst. Mit diesen Werten können wir die träge Masse des zu messenden Objekts bestimmen.

Obwohl man es schon aus solchen Experimenten kannte, blieben die wahren Gründe für die Beschleunigung bis zur Etablierung der klassischen Mechanik durch Newton verborgen.

Einstein hat die Beziehung in dem Ausdruck „Träge Masse = Gravitationsmasse" als Grundlage seiner Allgemeinen Relativitätstheorie erachtet. Dass Einsteins Theorie bewiesen ist, zeigt auch, wie wichtig dieses grundlegende Prinzip (Träge Masse = Gravitationsmasse) ist. Heutzutage kann dieses Prinzip in Experimenten sehr präzise überprüft und bewiesen werden. Dafür wird als Referenzobjekt der „Internationale Kilogrammprototyp" verwendet, der im Internationalen Büro für Maß und Gewicht (BIPM) in Frankreich aufbewahrt wird.

Mit einer Methode, mit der wir Masse bestimmen, können wir Kraft so wie auf Seite 75 dargestellt bestimmen. Tatsächlich können wir die Kraft, die wir bestimmen wollen, auf das Objekt wirken lasen, dessen Masse wir bereits kennen. Die entsprechenden Werte setzen wir dann in diese Gleichung ein:

Masse · Beschleunigung = Kraft

So wird der Wert der Kraft bestimmt.

Die Größe eines Gewichts

Die Gravitation der Erde, die auf ein Objekt mit der Masse m wirkt, ist wie folgt bestimmt:

$$F = mg$$

Dabei steht g für die Erdbeschleunigung, deren Wert in der Nähe der Erdoberfläche ungefähr 9,8 m/s² beträgt. Wir schauen uns an, wie diese Gleichung aus der Gleichung der universellen Gravitation hergeleitet wird.

Die universelle Gravitation wirkt zwischen der Erde und dem Objekt, das sich mit der Masse m in der Höhe h befindet. Wir nehmen an, dass die Erde eine Kugel mit dem Durchmesser R, der Masse M und einer gleichförmigen Dichte ist.

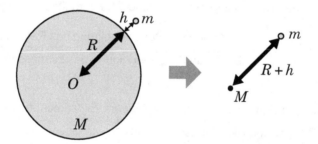

Dann können wir zeigen, dass die Erdbeschleunigung, die auf der gesamten Erdoberfläche wirkt, äquivalent zur Beschleunigung einer Masse M im Zentrum der Erde ist, in dem sich die gesamte Masse der Erde sammelt. Die Größe der Erdbeschleunigung, die auf ein Objekt wirkt, kann so ausgedrückt werden:

$$F = G\frac{Mm}{(R+h)^2}$$

Die Kraft der Erdbeschleunigung, die auf ein Objekt wirkt, das sich auf der Erdoberfläche (also mit $h = 0$) befindet, ist folgende:

$$F = G\frac{Mm}{R^2}$$

Wenn

$$G \frac{M}{R^2} = g$$

ist, dann ist

$$F = m \left(G \frac{M}{R^2} \right) = mg$$

Da der Durchmesser der Erde etwa $6{,}38 \cdot 10^6$ m und die Masse der Erde etwa $5{,}98 \cdot 10^{24}$ kg beträgt, können wir nun mithilfe der Gleichung den Wert für g ausrechnen:

$$g = G \frac{M}{R^2} = 6{,}67 \cdot 10^{-11} \cdot \frac{5{,}98 \cdot 10^{24}}{(6{,}38 \cdot 10^6)^2} = 9{,}8 \ [\text{m/s}^2]$$

Dies ist der Wert der Erdbeschleunigung. Genau gesagt ist es aber so, dass die Erdbeschleunigung je nach Aufenthaltsort variiert, da die Erde keine gleichmäßige Kugel ist. Vor diesem Hintergrund ist der Näherungswert für die Erdbeschleunigung ungefähr 9,8 m/s².

Übrigens: Versuche einmal, die Erdbeschleunigung für die Höhe auszurechnen, in der sich ein Raumschiff befindet. Raumschiffe fliegen etwa 300 bis 500 km oberhalb der Erdoberfläche. Wir nehmen also folgende Werte an: $h = 500$ km, $R + h = 6{,}38 \cdot 10^6 + 0{,}5 \cdot 10^6 = 6{,}88 \cdot 10^6$ m.

Damit erhalten wir diese Gleichung:

$$g = G \frac{M}{(R+h)^2} = 6{,}67 \cdot 10^{-11} \cdot \frac{5{,}98 \cdot 10^{24}}{(6{,}88 \cdot 10^6)^2} = 8{,}4 \ [\text{m/s}^2]$$

Auf ein Raumschiff wirken etwa 86 % (8,4/9,8 = 0,86) der Erdbeschleunigung, die auf der Erdoberfläche wirkt. Dieser recht hohe Wert ist gut nachvollziehbar, denn die Distanz von der Erde zum Raumschiff beträgt nur etwa 1/10 des Erdradius.

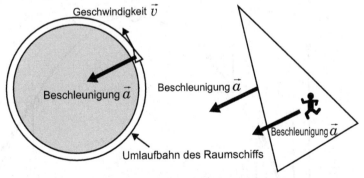

Aber warum herrscht dann beispielsweise im Inneren des Raumschiffs Schwerelosigkeit? Das liegt daran, dass ein Raumschiff immer „fällt", als würde es zur Erde hingezogen werden. Einstein dachte, wenn die Seile eines Aufzugs reißen und dieser hinunterfällt, befinden sich die Personen im Aufzug im Zustand der Schwerelosigkeit. So wie bei der Kabine des Aufzugs ist auch die Beschleunigung des Raumschiffs aufgrund der Gravitation immer Richtung Erdmittelpunkt gerichtet. Jedoch fällt es immer mit einer Geschwindigkeit, die nicht genau nach unten gerichtet ist, sondern eine Umlaufbahn (genauer gesagt eine Ellipse) beschreibt. Die Schwerelosigkeit entsteht dadurch, dass auch alles im Inneren des Raumschiffs, einschließlich der Astronauten, die ganze Zeit „fällt".

Die Bewegung eines geworfenen Balls

Auf Seite 83 haben wir die parabelhafte Bewegung eines Balls betrachtet. Betrachten wir diese nun noch einmal, indem wir andere Ausdrücke benutzen:

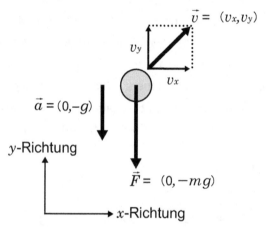

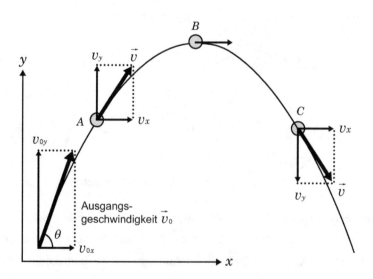

In der Abbildung unten wird die horizontale Richtung durch x und die vertikale Richtung durch y ausgedrückt. Die Masse des Balls ist m und die Gravitation wirkt abwärts (also entlang der y-Achse) mit einer Stärke von mg.

Der zugehörige Vektor wird zusammengesetzt aus $\vec{F} = (0, -mg)$. Entsprechend ist auch die Beschleunigung zusammengesetzt aus $\vec{a} = (a_x, a_y)$. Die Bewegungsgleichung $m\,\vec{a} = \vec{F}$ kann wie folgt zerlegt werden in Ausdrücke für Element x und Element y:

$$ma_x = 0$$

$$ma_y = -mg$$

Aus diesen Ausdrücken ergibt sich Folgendes:

Beschleunigung in Richtung x: $a_x = 0$

Beschleunigung in Richtung y: $a_y = -g$

Eine gleichförmige Bewegung findet also in Richtung x statt und eine gleichförmige Beschleunigung in Richtung y. Kennen wir den Wert der Beschleunigung, können wir die Geschwindigkeit berechnen. Wenn der Zeitpunkt, zu dem wir den Ball geworfen haben, $t = 0$ ist und die Geschwindigkeit des Wurfs $\vec{v}_0 = (v_{0x}, v_{0y})$, erhalten wir nach Regel (1):

$$v_x = v_{0x}$$

$$v_y = v_{0y} - gt$$

Diesem Ausdruck zufolge ändert sich die Geschwindigkeit nicht in Richtung x, aber in Richtung y (nach unten), und zwar mit $g \cdot 1 = 9{,}8 \ [\text{m/s}^2] \cdot 1 \ [\text{s}] = 9{,}8 \ [\text{m/s}]$.

Schauen wir uns jetzt den Ort an. Wir erinnern uns an Regel (2) der gleichförmigen, beschleunigten Bewegung. Wir erhalten:

$$x = v_{0x} t$$

$$y = v_{0y} t - \frac{1}{2} g t^2$$

Wir lösen die erste Gleichung nach t auf und setzen dies dann in die zweite Gleichung ein. So erhalten wir die Kurve des geworfenen Balls:

$$y = v_{0y} \left(\frac{x}{v_{0x}}\right) - \frac{1}{2} g \left(\frac{x}{v_{0x}}\right)^2$$

Du weißt, dass dies eine quadratische Funktion ist; wenn man sie zeichnet, erhält man eine Parabel. Denke daran, dass in unserem Fall der „Ursprung" der Punkt ist, an dem der Ball geworfen wurde.

Mit der Gleichung kann man berechnen, wo der Ball landen wird. Wir formen sie wie folgt um:

$$y = \frac{x}{v_{0x}} \left[v_{0y} - \frac{1}{2} \left(\frac{g}{v_{0x}} \right) x \right]$$

Der Ball landet dort, wo $y = 0$ ist, und nicht dort, wo $x = 0$ ist:

$$v_{0y} - \frac{1}{2} \left(\frac{g}{v_{0x}} \right) x = 0$$

Wir lösen diese Gleichung nach x auf:

$$x = \frac{2 v_{0x} v_{0y}}{g}$$

Wir berücksichtigen nun auch noch den Winkel, in dem der Ball geworfen wurde und können so herausfinden, in welchem Winkel der Ball wieder fallen muss, um bei der gegebenen Geschwindigkeit am weitesten zu fliegen. Die Ausgangsgeschwindigkeit kann so ausgedrückt werden:

$$\vec{v_0} = (v_{0x}, v_{0y}) = (v_0 \cos\theta, v_0 \sin\theta)$$

Damit können wir den Punkt der Landung wie folgt ausdrücken:

$$x = \frac{2 v_0^2 \cos\theta \sin\theta}{g} = \frac{v_0^2 \sin(2\theta)}{g}$$

Der Wert hat sein Maximum, wenn $\sin(2\theta) = 1$ ist. Daher fliegt der Ball für die vorgegebene Geschwindigkeit am weitestens, wenn er mit 45 Grad geworfen wird.

Geschwindigkeit/Beschleunigung und Differential- und Integralrechnung

Allgemein ändert sich die Geschwindigkeit eines Objekts mit der Zeit. In diesem Abschnitt wählen wir Δt als einen so kleinen Zeitraum, dass die Geschwindigkeit darin konstant bleibt. Dann erhalten wir die folgende Annäherung:

$$v = \frac{\Delta x}{\Delta t}$$

Es ist Δx die Änderung des Orts in der Zeit Δt. Je kleiner der Wert für Δt wird, desto genauer nähern wir uns dem Wert für die Geschwindigkeit an. In einem Experiment kann Δt nur endliche Werte annehmen, weshalb wir die Geschwindigkeit nur als durchschnittliche Geschwindigkeit betrachten können. Mathematisch können wir aber annehmen, dass sich Δt unendlich an 0 annähert. Wir können daher die Geschwindigkeit für einen Zeitpunkt so definieren:

$$v = \lim_{\Delta t \to 0} \frac{\Delta x}{\Delta t} = \frac{dx}{dt}$$

Das Gleiche gilt für die Beschleunigung. Es sei Δv ein Zeitraum Δt, für den die Geschwindigkeitsänderung als konstant angenommen wird. Dann gilt für die Beschleunigung:

$$a = \frac{\Delta v}{\Delta t}$$

Ist die Beschleunigung nicht gleichförmig, können wir Δt unendlich klein machen:

$$a = \lim_{\Delta t \to 0} \frac{\Delta v}{\Delta t} = \frac{dv}{dt}$$

Damit drücken wir die Beschleunigung für einen (unendlich kleinen) Zeitpunkt aus. Setzen wir hier nun den vorletzten Ausdruck (ganz unten auf der letzten Seite) ein, erhalten wir:

$$a = \frac{d}{dt}\left(\frac{dx}{dt}\right) = \frac{d^2x}{dt^2}$$

So kann die Beschleunigung als zweites Differential des Ortes ausgedrückt werden.

Die Bewegungsgleichung $ma = F$ kann man in der Differentialrechnung so ausdrücken:

$$m\frac{dv}{dt} = F \text{ , also } \quad m\frac{d^2x}{dt^2} = F$$

Der Bereich unterhalb eines v-t-Graphen und die zurückgelegte Distanz

Schauen wir uns jetzt an, wie wir die zurückgelegte Distanz mithilfe der Geschwindigkeit berechnen können (siehe Seite 55). Wenn die Geschwindigkeit gleichförmig ist, können wir aus

$$v = \frac{\Delta x}{\Delta t}$$ und mit $\Delta x = v\Delta t$ die in der Zeit Δt zurückgelegte Distanz Δx berechnen.

Für eine variable Geschwindigkeit können wir eine Annäherung finden, indem wir so vorgehen: Wir addieren die in die gleiche Richtung zurückgelegten Distanzen für Zeiträume Δt, so wie es in der folgenden Abbildung zu sehen ist, und benutzen dabei den Ausdruck $\Delta x = v\Delta t$.

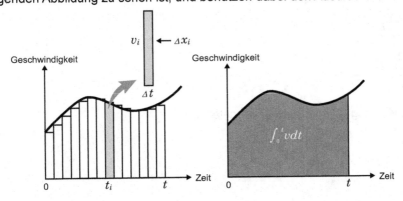

Anders gesagt: Wir unterteilen ein Zeitintervall zwischen den Punkten $t = 0$ und $t = 1$ in n Segmente und weisen Δt dem i-ten Zeitpunkt zu und v_i der Geschwindigkeit zu diesem Zeitpunkt.

Es sei die zum Zeitpunkt Δt bei Geschwindigkeit v_i zurückgelegte Distanz Δx_i und wir erhalten:

$$\Delta x_i = v_i \Delta t$$

Die zwischen den Zeitpunkten 0 und t zurückgelegte Distanz x ergibt sich so:

$$x = v_0 \Delta t + v_1 \Delta t + \cdots + v_i \Delta t + \cdots + v_{n-1} \Delta t$$

$$= \sum_{i=0}^{n-1} v_i \Delta t$$

Wenn das Rechteck in unendlich kleine Segmente unterteilt wird und Δt sich unendlich 0 annähert (also n gegen unendlich geht), gibt es praktisch keinen Fehler mehr und wir erhalten:

$$x = \lim_{\Delta t \to 0} \sum_{i=0}^{n-1} v_i \Delta t = \int_0^t v\, dt$$

Somit können wir die zurückgelegte Distanz mithilfe der Integralrechnung und der Fläche unterhalb des v-t-Graphen bestimmen.

Wenden wir die letzte Gleichung an, um Gleichung (2) von Seite 87 für die zurückgelegte Distanz bei einer gleichförmig beschleunigten Bewegung herzuleiten. Für eine gleichförmige Beschleunigung a, die Geschwindigkeit v_0 für die Zeit $t = 0$, die Geschwindigkeit v für die Zeit t und mithilfe von $a = \dfrac{\Delta v}{\Delta t}$ erhalten wir diesen Ausdruck:

$$a = \frac{v - v_0}{t}$$

Das können wir sofort zu $v = tv_0 + at$ umformen (und haben damit Gleichung (1) auf Seite 87).

Diese setzen wir nun in unsere obige Gleichung $x = \lim\limits_{\Delta t \to 0} \sum\limits_{i=0}^{n-1} v_i \Delta t = \int_0^t v\, dt$ ein und erhalten:

$$x = \int_0^t (v_0 + at)\, dt$$

$$= \left[v_0 t + \frac{1}{2} at^2 \right]_0^t$$

$$= v_0 t + \frac{1}{2} at^2$$

Damit haben wir Gleichung (2) von Seite 87 hergeleitet.

3

Impuls und Kraftstoß

1. Der Impuls

Das weißt du doch selbst!

Was?!

Aber egal!

Vergiss also nicht unser nächstes Tennisspiel!

Du bist schließlich meine Rivalin!

Waahh

Du ...! Das nächste Mal werde ich gewinnen!

Trainier du mal in Ruhe!

Was ist los?

Weiß nicht ...

Klatsch

Denk Grübel

Hat sich Sayaka vielleicht darüber lustig gemacht, dass ich zusammen mit Nonomura-kun lerne?

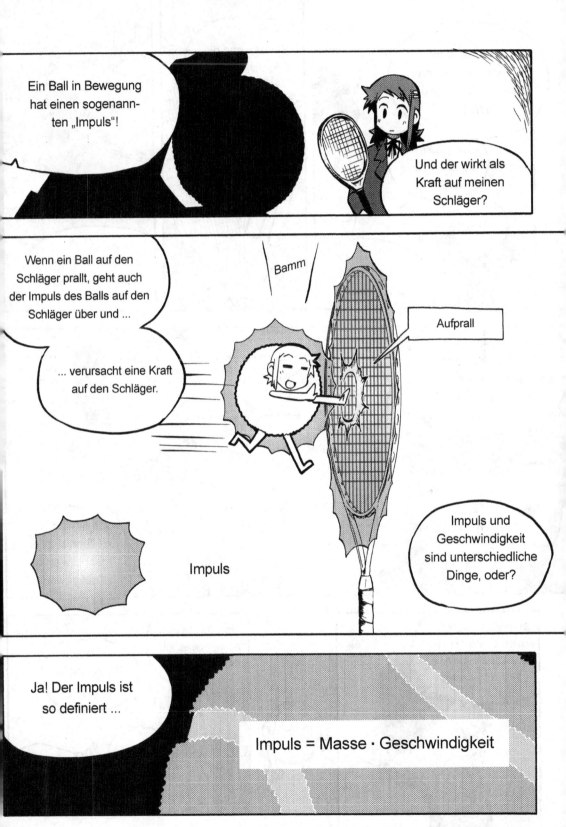

Offenbar ist die Geschwindigkeit das Entscheidende für den Impuls ...

Wir müssen sie nur mit der Masse multiplizieren.

Denk noch mal darüber nach!

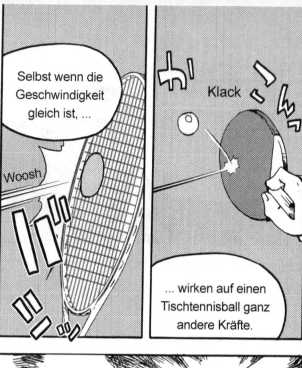

Selbst wenn die Geschwindigkeit gleich ist, ...

Woosh

Klack

... wirken auf einen Tischtennisball ganz andere Kräfte.

Stimmt, der würde dich nicht ernsthaft verletzen, wenn ich ihn dir an den Kopf werfe!

Was?!

Du willst dich wohl rächen!

Haha

Jetzt druckfrisch: „Die Physik-Detektive: Mord auf dem Tennisplatz? Oder: Ein Tennisball geht seinen Weg"

Mal sehen ... Ich werd's schon lösen!

Und so groß war der Ball gar nicht!

Dabei habe ich dir den Tennisball doch gar nicht an den Kopf geworfen!

Ich wollte dir nur helfen! Schließlich sah es so aus, als würdest du die Arbeit für andere machen!

total einge-schnappt

War doch nicht ernst gemeint!

Also, du bist echt schnell beleidigt, Nonomura-kun!

Stimmt nicht!

Machen wir weiter ...

Impulsänderung durch Masseänderung

 Da sich die Masse eines Tennisballs ziemlich von der eines Tischtennis- balls unterscheidet, habe ich für unse- ren Versuch auch mal zwei unter- schiedliche Bälle mitgebracht: einen Tennisball und einen Softball.

 Softball klingt harmlos, aber er ist so ähnlich wie ein Baseball ...

 Ein Softball ist schwer und fliegt eher langsam, ein Tennisball ist leichter und fliegt schnell. Schauen wir jetzt, was das alles für den Impuls bedeutet.

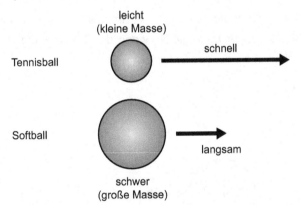

 Mal schauen ... Ein Softball ist also viel schwerer als ein Tennisball, oder?

 Im Hinblick auf Masse und Geschwindigkeit wissen wir Folgendes:

Masse eines Softballs > Masse eines Tennisballs

Geschwindigkeit eines Softballs < Geschwindigkeit eines Tennisballs

Aber welcher Impuls ist nun größer? Berechnet wird er so:

Masse des Softballs · Geschwindigkeit

Masse des Tennisballs · Geschwindigkeit

Um ihn auszurechnen, brauchen wir aber konkrete Werte

 Okay, ein Tennisball wiegt ungefähr 60 g.

 Und ein Softball 180 g.

 Also 60 für den Tennisball und 180 für den Softball – der Softball ist also dreimal schwerer als der Tennisball!

 Wenn wir jetzt bedenken, dass gilt: „Impuls = Masse · Geschwindigkeit", dann ist der Impuls beider Bälle gleich, wenn die Geschwindigkeit des Tennisballs dreimal höher ist als die des Softballs.

 Verstehe.

Softball 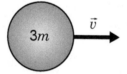 $3m\vec{v}$

Tennisball 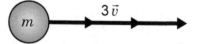 $3m\vec{v}$

Impuls

Impulsänderung und
Kraftstoß

Verstehst du nun, warum ein Ball auch auf einen Schläger einwirken kann? Es

ist der Impuls des Balls!

Sonnenklar!

Wenn man den Ball zurückschlägt, hat er eine andere Geschwindigkeit als vor dem Aufprall auf den Schläger.

Das heißt ... der Impuls des Balls hat sich geändert!

Rüttel

Schauen wir uns die Impulsänderung doch mal mit der Bewegungsgleichung an!

Hmm, ich glaube, die Bewegungsgleichung lautet so:

Masse · Beschleunigung = Kraft

Genau! Und du weißt, dass „Beschleunigung = Geschwindigkeits-änderung / Zeit" ist.

Wenn wir das auf die Bewegungsgleichung anwenden, erhalten wir das:

Masse · Geschwindigkeitsänderung / Zeit = Kraft

Mal sehen. Das bedeutet ... Hmm...

?!?

Wir können es auch anders ausdrücken.

Siehst du den Unterschied?

Masse · Geschwindigkeitsänderung = Kraft · Zeit

Ja, wir haben mit „Zeit" multipliziert.

Und es gilt: „Impuls = Masse · Geschwindigkeit", wie wir wissen. Dann ...

... kann „Masse · Geschwindigkeitsänderung" betrachtet werden als „Impulsänderung".

Verstehe ...

Und das hier ist die Formel dazu:

Impulsänderung = Kraft · Zeit

Ja! Wir erhalten die Impulsänderung, wenn wir die Kraft mit der Zeit multiplizieren.

„Kraft · Zeit" bezieht sich auf den Impuls. Anders gesagt ...

... ist es das, was den Impuls eines Objekts ändert!!

In dem Moment, in dem der Ball auf den Schläger prallt, ändert sich sein Impuls.

Ganz genau!

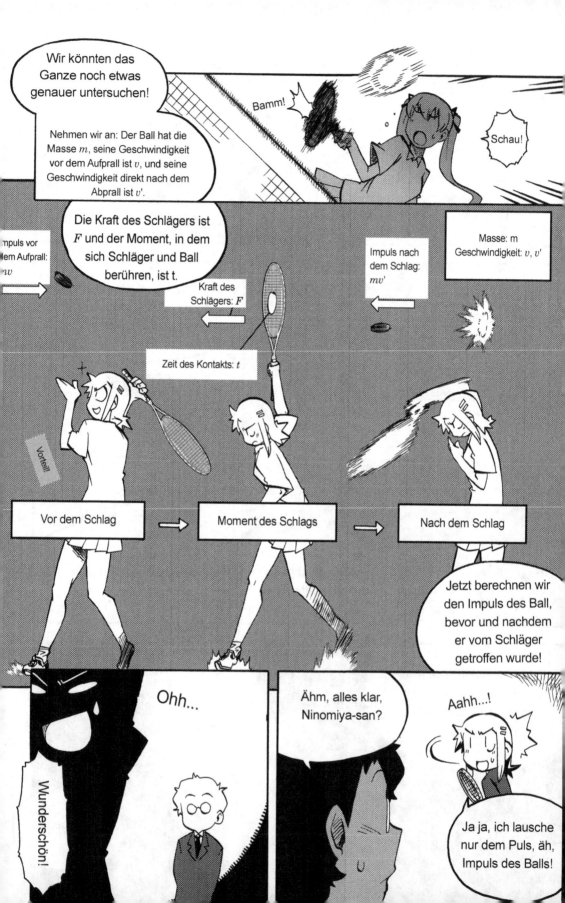

Wir wissen:
Impuls = Masse ·
Geschwindigkeit
Dann ...

Ähm...

Der Impuls des
Balls vor dem
Schlag ist mv ...

... und nach dem
Schlag mv'. Der
Unterschied ist also
$mv' - mv$, richtig?

Ja, richtig!

Der gegensätzliche
Impuls wird ausge-
drückt als Ft.

$$mv' - mv = Ft$$

Und wir
erhalten das!

Denn es gilt: Änderung
der Wucht = Impuls.

Eigentlich ist die-
ser Ausdruck nichts
anderes als die
Bewegungsgleichung:
$ma = F$.

$$ma = F$$

$$mv' - mv = Ft$$

Ach ja?

Aber sie ist nützlich, wenn du die
Impulsänderung herausfinden
willst und die Kraft kennst oder
aber umgekehrt die Kraft mithilfe
der Impulsänderung berechnen
willst.

115

Wenn du beispielsweise die Geschwindigkeit des Balls vor und nach dem Aufprall auf den Schläger kennst, also v und v', und ...

... außerdem die Zeit t, in der sich Ball und Schläger berühren, kannst du die Kraft F berechnen, die vom Schläger auf den Ball wirkt.

Oh...!

Dann kann ich auch berechnen, wie viel Kraft ich brauche, um den Ball zu schlagen?

Klar, wenn du alle relevanten Werte wie die Geschwindigkeit und so kennst ...

Klingt wirklich nützlich!

Die Stoßkraft eines Schlags

 Analysieren wir dein Spiel, Nino-miya-san, um die Kraft herauszufin-den, die bei einem Schlag auf den Ball wirkt! Als du neulich geübt hast, habe ich gefilmt, wie du den Auf-schlag deiner Gegnerin zurückge-schlagen hast!

 Nicht schon wieder! Du meinst, du willst das demnächst mal filmen?

 Nein, diesmal habe ich es wirklich gefilmt!

 Was zur Hölle ...?

 Egal! Ich habe die Bilder analysiert und herausgefunden, dass die Geschwindig-keit des Balls beim Aufprall auf den Schläger 100 km/h betrug. Nachdem du den Ball zurückgeschlagen hast, waren es 80 km/h. Außerdem haben sich der Ball und der Schläger 0,01 Sekunden berührt.

 Dann haben wir ja alle Werte, die wir brauchen, oder?

 Ja! Mit diesen Werten können wir die Kraft berechnen, die von dei-nem Schläger auf den Ball wirkt, Ninomiya-san! Der Wert ist aller-dings nicht gleichförmig, wie du in der Abbildung sehen kannst!

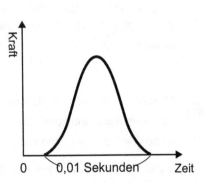

Wir nehmen aber trotzdem mal an, die Kraft wäre gleichförmig oder es gäbe eine durchschnittliche Kraft und nennen sie F.

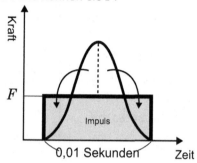

 So sieht die Berechnung einfach aus!

 Zuerst berechnen wir den Impuls des Balls vor dem Aufprall auf den Schläger. Die Masse des Balls ist 0,06 kg und seine Geschwindigkeit beträgt von dir aus gesehen minus 100 km/h. Da 1 km genau 1000 m und 1 Std. genau 3600 Sekunden sind, können wir die Einheit für Geschwindigkeit so umrechnen:

100 km/h = 100 · 1000/3600 m/s. Und es ergibt sich:

Impuls des Balls vor dem Aufprall auf den Schläger = Masse · Geschwindigkeit

$$= 0,06 \text{ kg} \cdot (-100 \cdot (1000/3600 \text{ m/s})) = -1,7 \text{ kg} \cdot \text{m/s}$$

 Jetzt wissen wir, dass der Impuls des Balls -1,7 kg · m/s betrug, bevor ich ihn zurückgeschlagen habe. Das Minuszeichen sieht seltsam aus, aber es ist logisch, wenn ich es von meinem Standpunkt aus betrachte.

 Analog können wir nun den Impuls des Balls nach deinem Rückschlag ausrechnen. Die Geschwindigkeit des Balls beträgt diesmal 80 km/h und das Vorzeichen ist positiv. Dann erhalten wir:

Impuls des Balls nach Rückschlag = 0,06 kg · (80 · 1000/3600) = 1,3 kg · m/s

Jetzt können wir die Impulsänderung des Balls berechnen!

Genau! Und zwar ist das:

Impulsänderung des Balls = Impuls nach dem Rückschlag – Impuls vor dem Aufprall

$$= 1{,}3 - (-1{,}7) = 3{,}0 \text{ kg} \cdot \text{m/s}$$

Die Impulsänderung beträgt also 3,0 kg · m/s! Und die Kraft hat für 0,01 Sekunden gewirkt.

Impulsänderung des Balls = Kraft auf den Ball · Dauer der Krafteinwirkung

Wenn wir die entsprechenden Werte einsetzen, erhalten wir ...

Und der Wert für F ergibt sich, wenn wir 3,0 durch 0,01 teilen ... also 300!

Richtig! Wir ergänzen die Einheit „Newton" und erhalten: F = 300 N
Es ist etwas einfacher vorstellbar, wenn wir kg für die Kraft benutzen. Ein kg hat etwa eine Gewichtskraft von 10 N, das heißt also, du übst eine Kraft von ungefähr 30 kg aus, wenn du den Ball zurückschlägst, Ninomiya-san!

Wow! Ich glaube, so viel kann ich gar nicht heben!

Na ja, es ist ja auch nur für einen Moment. Wenn du ein Objekt anheben willst, das 30 kg wiegt, müsstest du deine Muskeln ganz anders einsetzen.

2. Impulserhaltung

Aktion, Reaktion und Impulserhaltung

Ein Ball hat einen Impuls, das weiß ich jetzt. Aber wenn der Impuls sich verringert, wohin geht dann diese Differenz?

Schauen wir uns das einmal an!

Plopp!

Der schon wie-der!

Der Impuls wird immer zwischen zwei Objekten ausge-tauscht, die eine Kraft aufeinander ausüben.

Außerdem bleibt die Summe des Impulses, der ausgetauscht wird, immer auf einem bestimmten Level.

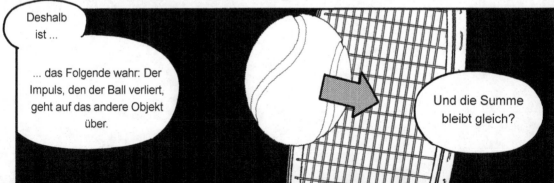

Deshalb ist ...

... das Folgende wahr: Der Impuls, den der Ball verliert, geht auf das andere Objekt über.

Und die Summe bleibt gleich?

Ja! Hier noch ein Beispiel.

Ich habe eine 100- und eine 500-Yen-Münze

Versuch mal, mit der 100-Yen-Münze die andere zu treffen!

Konzentration!

Ich probier's ...

Woosh!

Pling!

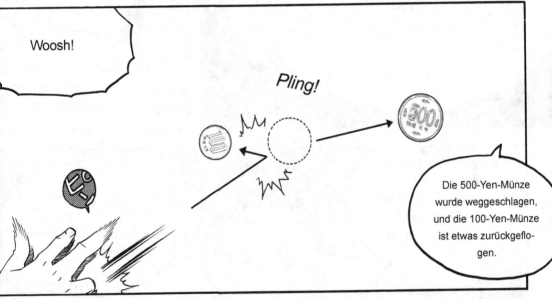

Die 500-Yen-Münze wurde weggeschlagen, und die 100-Yen-Münze ist etwas zurückgeflogen.

Und das liegt daran, dass die 100-Yen-Münze einen Impuls hatte, als sie die andere traf, nicht wahr?

Kraft der 100 Yen-Münze auf die 500-Yen-Münze

Im Moment des Aufpralls gab es wegen des Prinzips von Aktion und Reaktion sowohl eine Kraft, die von der 100- auf die 500-Yen-Münze eingewirkt hat, als auch umgekehrt.

Die Kräfte sind gleich, aber sie wirken in entgegengesetze Richtung.

Kraft der 500-Yen-Münze auf die 100-Yen-Münze

Aha ...

Da haben wir wieder das Prinzip von Aktion und Reaktion, verstehe!

Da gilt: Impulsänderung = Kraft · Zeit, sollte die Impulsänderung die gleiche sein, wenn Kraft und Zeit der beiden Bewegungen gleich sind.

Anders gesagt ...

... ist die Impulsänderung der 100-Yen-Münze plus die Impulsänderung der 500-Yen-Münze gleich 0.

Da die 500-Yen-Münze sich nicht bewegt hat, war ihr Impuls 0. Und dann kam die andere Münze angeflogen ...

Tap, tap, tap

Und als die Kraft wirkte, änderte sich der Impuls beider Münzen!

Knall!

ド—ッ

Sieht brutal aus, aber ich kapier's!

Also ist die Summe des Impulses beider Münzen gleich dem Impuls der 100-Yen-Münze vor dem Aufprall!

Genau!

Und das nennt man das „Impuls-erhaltungsgesetz".

Hahahaha!

Impulserhaltung? Was soll das bedeuten?

In der Physik meint man damit, dass sich ein bestimmter Wert im Verlauf der Zeit nicht ändert.

Schauen wir uns die Impulserhaltung mal genauer an!

Ich habe hier etwas aufgeschrieben:

Impulsänderung der 100-Yen-Münze
= Impuls der 100-Yen-Münze nach dem Aufprall – Impuls der 100-Yen-Münze vor dem Aufprall
Impulsänderung der 500-Yen-Münze
= Impuls der 500-Yen-Münze nach dem Aufprall – Impuls der 500-Yen-Münze vor dem Aufprall

Mhm...

Wir ersetzen im Text oben den Ausdruck „Impulsänderung der 100-Yen-Münze plus Impulsänderung der 500-Yen-Münze = 0". Und wir erhalten das:

Impuls der 100-Yen-Münze nach dem Aufprall
– Impuls der 100-Yen-Münze vor dem Aufprall
+ Impuls der 500-Yen-Münze nach dem Aufprall
– Impuls der 500-Yen-Münze vor der Kollision = 0

Verstehe!

Schreibt man den letzten Text anders, erhält man das hier:

Impuls der 500-Yen-Münze nach dem Aufprall
+ Impuls der 100-Yen-Münze nach dem Aufprall =
+ Impuls der 500-Yen-Münze vor dem Aufprall
+ Impuls der 100-Yen-Münze vor dem Aufprall

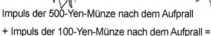

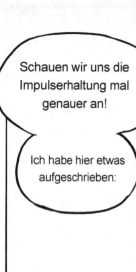

Ähm, sieht etwas kompliziert aus!

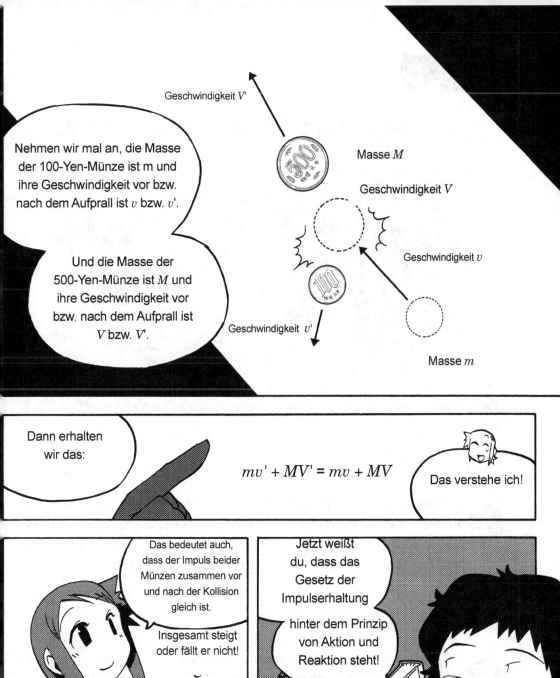

Geschwindigkeit V'

Masse M

Geschwindigkeit V

Nehmen wir mal an, die Masse der 100-Yen-Münze ist m und ihre Geschwindigkeit vor bzw. nach dem Aufprall ist v bzw. v'.

Geschwindigkeit v

Und die Masse der 500-Yen-Münze ist M und ihre Geschwindigkeit vor bzw. nach dem Aufprall ist V bzw. V'.

Geschwindigkeit v'

Masse m

Dann erhalten wir das:

$$mv' + MV' = mv + MV$$

Das verstehe ich!

Das bedeutet auch, dass der Impuls beider Münzen zusammen vor und nach der Kollision gleich ist.

Insgesamt steigt oder fällt er nicht!

Summe der Impulse

Richtig!

Jetzt weißt du, dass das Gesetz der Impulserhaltung

hinter dem Prinzip von Aktion und Reaktion steht!

Der Weltraum und der Impulserhaltungssatz

 Schauen wir uns doch einmal ein Beispiel an, das im Weltraum spielt!

 Im Weltraum?

 Ja! Stell dir vor, du wärst eine Astronautin, Ninomiya-san! Während du außen am Raumschiff etwas reparieren sollst, wird plötzlich dein Sicherungsseil getrennt und du schwebst weiter in den Weltraum. Du hast nur das Werkzeug dabei, das du für die Reparatur brauchtest. Wie kommst du zurück zum Raumschiff?

 Wie wär's, wenn ich schwimme?

 Ts, es ist unmöglich, im Vakuum zu schwimmen, erinnere dich an das erste Bewegungsgesetz! Ein unbewegtes Objekt bleibt so lange ohne Bewegung, bis eine Kraft auf es einwirkt. So sehr du auch deine Arme bewegst, in einem Vakuum würde dein Körper sich nur um das Zentrum der Gravitation drehen.

Das bringt ja gar nichts!

Gib nicht auf! Deine Physikkenntnisse helfen dir. Du hast ja ein Werkzeug in der Hand, erinnerst du dich? Wirf es in die Richtung, die dem Raumschiff genau entgegengesetzt ist, und zwar mit soviel Kraft wie möglich. Dank des Impulserhaltungsgesetzes würdest du dich entgegengesetzt zu dem weggeworfenen Werkzeug bewegen. Oder anders gesagt: Zurück zum Raumschiff!

 Wirklich? Dann bin ich ja gerettet!

 Zur Sicherheit rechnen wir es noch aus. Wir nehmen an, deine Geschwindigkeit ist v. Außerdem nehmen wir an, dass die Masse des Werkzeugs, dass du wirfst, m und seine Geschwindigkeit ebenfalls v ist. Da die Geschwindigkeit zunächst 0 ist, ist die Summe der Impulse von dir und dem Werkzeug ebenfalls 0.

 Ja, ohne Bewegung sollte der Impuls 0 betragen.

 Nach dem Gesetz der Impulserhaltung ist die Summe der Impulse, nachdem du das Werkzeug weggeworfen hast, ebenfalls 0. Daher gilt:

$$mv + MV = 0$$

Damit können wir deine Geschwindigkeit wie folgt ausrechnen:

$$V = -\frac{m}{M}\,v$$

Das Minuszeichen zeigt an, dass die Bewegung entgegengesetzt zur Richtung des weggeworfenen Werkzeugs erfolgt.

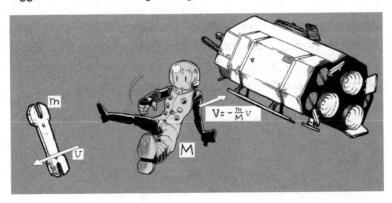

Heißt das, je größer die Masse des Werkzeugs ist und je schneller es ist, nachdem ich weggeworfen habe, desto schneller würde ich mich bewegen?

 Genau so wäre es! Wir setzen mal Werte ein und überprüfen das. Sagen wir, das Werkzeug wiegt 1 kg und du wiegst mit dem Raumanzug 60 kg. Wenn das Werkzeug nach deinem Wurf 30 km/h schnell ist, erhalten wir:

$$V = -\frac{1}{60} \cdot 30 = -0,5$$

Das heißt, du bewegst dich mit 0,5 km/h in die Richtung, die dem Werkzeug entgegengesetzt ist.

 Und würde ich schneller werden, wenn ich mehrere Werkzeuge hätte und die alle nacheinander werfen würde?

 Das ist eine gute Frage! Die Antwort lautet: Ja, du würdest immer schneller werden. In der Tat funktioniert so der Antrieb einer Rakete. Das austretende Gas am unteren Ende der Rakete entspricht dabei gewissermaßen dem Werkzeug, das du wirfst.

 Wow! Das wusste ich nicht!

 Wenn eine Rakete Gase ausstößt, bewegt sie sich in die entgegengesetzte Richtung. Werden immer weitere Gase ausgestoßen, so beschleunigt sie auch immer weiter, da der Impuls weiter zunimmt. Werden keine weiteren Gase ausgestoßen, bewegt sich die Rakete gleichförmig weiter.

3. Eine nützliche Hilfe: Änderung der Wucht = Impuls

Den Aufprall vermindern

Aber im Vergleich zum Impulserhaltungsgesetz scheint die Beziehung „Änderung der Wucht = Impuls" doch ...

Wie soll ich das nur sagen?

... im Alltag nicht so leicht nachvollziehbar!

Stimmt nicht!

Du merkst es jedesmal, wenn du den Aufprall vermindern willst!

Aufprall?

Wenn du zum Beispiel irgendwo herunterspringst, hängt dein Impuls direkt vor der, äh, Landung von deiner Masse ab und davon, aus welcher Höhe du gesprungen bist.

Bei der Landung wird die Geschwindigkeitsänderung gleich 0 und auch die Impulsänderung wird 0, oder?

Ja!

Die Impulsänderung kann man nicht ändern, aber du kannst den Aufprall abschwächen.

Und wie geht das?

Du musst die Zeit verlängern, in der die Kraft des Bodens auf dich einwirkt.

ZEIT

Das klingt einfach!

Wenn ich die Formel anwende: „Änderung der Wucht = Impuls", erhalte ich:

Änderung der Wucht (MV) = Kraft des Bodens (F) * Zeit (t), in der die Kraft auf mich wirkt

Das können wir umformen und erhalten das: $F = \frac{mv}{t}$

Das heißt, je länger die Kraft auf dich wirkt, desto kleiner wird die Kraft des Bodens, die auf dich wirkt – oder anders gesagt: desto schwächer ist der Aufprall.

Verstehe!

Nehmen wir mal an, wir machen im Sportunterricht Hochsprung. Und da benutzen wir natürlich eine Matte, oder?

Ohne die Matten würden wir uns wohl nicht trauen zu springen.

Wir denken automatisch, dass die Matte unseren Aufprall abschwächt, weil sie so weich ist ...

Woosh

Aber vom Standpunkt der Dynamik aus betrachtet, verlängern sie die Zeit, in der die Kraft auf den Springer einwirkt.

Und dann sieht alles ganz anders aus.

Nehmen wir an, die Kraft wirkt nicht mehr 0,1 Sekunden, sondern dank der Matte 1 Sekunde ein.

Durch diese kleine Änderung wirkt die Kraft nur noch mit einem Zehntel der ursprünglichen Kraft auf dich!

Neuer Rekord!

Eine Katze kann auch aus großer Höhe sicher landen, weil sie einen so flexiblen Körper hat.

Genau! Der ganze Körper ist gewissermaßen dehnbar. So kann die Katze die Dauer des Aufpralls etwas verlängern und den Aufprall so abschwächen.

So gesehen ...

Miau!

... gibt es doch ziemlich viel im Alltag, was mit Dynamik zu tun hat!

Eine Frage!

Einen schnellen Aufschlag spielen

Kann man die Beziehung zwischen Impuls und der Stärke des Aufpralls auch nutzen, um die Kraft zu vergrößern?

Ja, durchaus!

Dann kann ich das für mein nächstes Tennisspiel nutzen!

Ach so ...

Erinnern wir uns, wie wir die Wucht eines Schlags untersucht haben.

Klar!

Und los ...!

Mit dem Impuls können wir einen Weg finden, die Wucht zu vergrößern!

Der tödliche Aufschlag der Megumi Ninomiya!

Ähm, ist das deine Vorstellung davon, wie du Physik anwenden willst?

Uaahh!

Heldin!

Soweit ich euer Spiel neulich beobachtet habe, seid ihr beide etwas gleich stark.

Aber ich hatte den Eindruck, dass Koda-san beim Aufschlag den Schwung ihres Körpers besser genutzt hat.

Du meinst, ich spiele schlechter als Sayaka?!?

Zitter!

Aahh

Iiieek!

Ich meine doch nur, man kann sich immer verbessern!

Na gut! Untersuchen wir also meinen Aufschlag mithilfe der Dynamik!

Guter Plan!

Pfff...

Puh!

Okay! Ähm, wir wissen: Änderung der Wucht = Kraft · Zeit. Wenn wir einen stärkeren Aufschlag erreichen wollen, ...

... können wir also versuchen, die Kraft so lange wie möglich wirken zu lassen.

Du meine Güte!

Aber uns wird immer gesagt, wir sollen beim Aufschlag möglichst schnell und hart schlagen!

Du meinst also, ich sollte versuchen, die Kraft beim Schlag zu vergrößern, indem ich die Dehnbarkeit meines Körpers ausnutze?

Dehnbarkeit ...

Nur eine kurze Verzögerung kann viel ausmachen!

Versuche, beim Schlagen des Balls die Zeit zu verlängern, bevor die Kraft auf den Ball übertragen wird.

Dann steigt der Impuls!

Dehnbarkeit ...

Da es um komplexe Techniken geht, kann man es leider nicht einfacher hinbekommen.

Dennoch folgt der Ball nach dem Schlag dem Prinzip: „Änderung der Wucht = Impuls".

Woosh

Okay ...

Behalte das alles im Hinterkopf und konzentriere dich während des Spiels auf den Ball.

Starr

Komm schon, Ryota!

Na schön, dann nennst du mich „Megu". Das ist nur ein Spitzname, okay?

Glglglgl!

Egal!

Zack

Die nächste Stunde schließt die Grundlagen der Dynamik ab.

Ich hoffe, du hältst noch durch!

Na klar!

Also ist Ryotas nächste Unterrichtsstunde die letzte?!

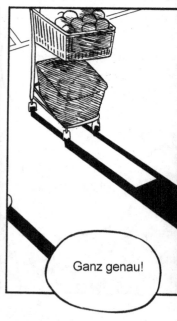

Ganz genau!

Wiederholung

Impuls und Kraftstoß

Der Impuls repräsentiert die Stärke und Richtung der Bewegung eines Objekts. Wenn ein Objekt mit der Masse m und der Geschwindigkeit $\vec{v}$ den Impuls $\vec{p}$ hat, dann kann die Beziehung dieser Größen untereinander wie folgt dargestellt werden:

$$\vec{p} = m\vec{v}$$

Eine Geschwindigkeit ist ein Vektor und auch der Impuls ist ein Vektor. Die Richtung des Impulses ist die gleiche wie die der Geschwindigkeit.

Wie in Kapitel 2 schon erwähnt wurde, „hat" ein bewegtes Objekt keine Kraft, sondern es verfügt über einen Impuls. Der Impuls des Objekts hängt davon ab, welche Kraft auf es wirkt. Das Verhältnis von Impuls und Kraftstoß zeigt, dass bestimmte Impulsänderungen stattfinden. Wir leiten nun das Verhältnis zwischen Impuls und Kraftstoß selbst her und beginnen mit der Bewegungsgleichung.

Angenommen, ein Ball mit der Masse m trifft auf einen Schläger und es sei $\vec{v}$ die Geschwindigkeit des Balls, bevor er auf den Schläger trifft, und $\vec{v}'$ die Geschwindigkeit nach dem Aufprall. Außerdem sei $\vec{F}$ die Kraft, die vom Schläger auf den Ball wirkt. Dann ist dies die entsprechende Bewegungsgleichung:

$$m\vec{a} = \vec{F}$$

Die Beschleunigung des Balls ist $\vec{a}$, und die Kraft $\vec{F}$ ist nicht gleichförmig. Wir nehmen aber an, dass $\vec{F}$ gleichförmig ist bzw. wir benutzen den Mittelwert (siehe Seite 118). Dann kann die Beschleunigung $\vec{a}$ ebenfalls als gleichförmig erachtet werden. Die Beschleunigung $\vec{a}$ lässt sich für die Zeit t (in der die Kraft des Schlägers auf den Ball wirkt) so ausgedrücken:

$$\vec{a} = \frac{\vec{v}' - \vec{v}}{t}$$

Wir setzen dies in die Bewegungsgleichung ein und erhalten:
$$m\left(\frac{\vec{v}' - \vec{v}}{t}\right) = \vec{F}$$

Wir multiplizieren beide Seiten mit t und erhalten:
$$m\vec{v}' - m\vec{v} = \vec{F}t$$

Es steht $m\vec{v}' - m\vec{v}$ für die Impulsänderung. Wenn $\vec{F}t$ der Kraftstoß ist, gilt Folgendes:

Impulsänderung = Kraftstoß

Beachte, dass der Impuls $m\vec{v}$ und $m\vec{v}'$ sowie der Kraftstoß $\vec{F}t$ den Regeln für die Addition vor Vektoren folgt, wie auch in dieser Abbildung zu sehen ist:

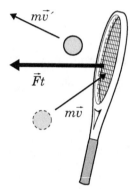
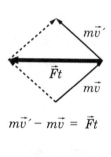

$$m\vec{v}' - m\vec{v} = \vec{F}t$$

Da nun offensichtlich ist, wie die Gleichung oben hergeleitet wurde, können wir sagen, dass das Verhältnis von Impulsänderung und Kraftstoß aus der Bewegungsgleichung hergeleitet werden kann, allerdings nur für Fälle, in denen eine gleichförmige Kraft wirkt. Wenn Ryota auf Seite 115 sagt, dass es „nur ein anderer Ausdruck für die Bewegungsgleichung ist", meint er genau das.

Impuls und Kraftstoß im täglichen Leben

Wir haben auf Seite 129 erfahren, dass das Verhältnis „Impulsänderung = Kraftstoß" nützlich ist, wenn wir herausfinden wollen, wie man den Aufprall abschwächen kann. Um die Kraft zu minimieren, die auf ein bewegtes Objekt bis zu seinem Stillstand wirkt, müssen wir die Dauer des Aufpralls maximieren, denn es gilt Folgendes:

Impulsänderung eines Objekts = Kraft · Dauer, in der die Kraft wirkt

Wenn du von etwas Hohem herunterspringt, ist dein Impuls unmittelbar vor der Landung mv. Im Augenblick der Landung – also wenn du einen unbewegten Zustand einnimmst – ist die Größe der Impulsänderung mv. Diese Impulsänderung entsteht durch die Kraft, die vom Boden auf dich wirkt. Dein Körper muss diesem Vorgang standhalten, also der „Kraft des Aufpralls", die auf den Körper wirkt. Wenn diese Kraft F ist und die Zeit, in der diese Kraft wirkt, t ist, gilt Folgendes:

$$mv = Ft$$

Bei einem gleichbleibenden Wert für mv wird F umso kleiner, je größer t wird. Die Matten, die

wa beim Hochsprung benutzt werden, machen genau das: Sie vergrößern die Zeit t, also die
eit vom Aufprall auf die Matte bis zum Stillstand. Während der Springer in diese Matte sinkt,
irkt noch immer eine Kraft F auf seinen Körper. Da Ft konstant ist, wird F umso kleiner, je län-
er der Zeitraum wird, in dem die Kraft wirkt. Im täglichen Leben gibt es überall Beispiele dafür,
ass gilt: „Impuls = Kraftstoß". Wenn wir einen Ball fangen, ziehen wir unwillkürlich die Hand
ach hinten. Damit versuchen wir tatsächlich, den Aufprall abzuschwächen, indem wir die Dauer
erlängern, in der die Kraft des Balls auf unsere Hand wirkt, oder anders gesagt die Dauer
es Aufpralls. Auch die Handschuhe beim Baseball oder beim Boxen erfüllen diesen Zweck:
ie Dauer des Aufpralls wird verlängert und damit die Kraft reduziert. Auch das Chassis eines
ahrzeugs oder ein Airbag ist so konstruiert, dass die Kraft beim Aufprall durch die Verlängerung
er Dauer des Aufpralls reduziert wird. Ein Seil, dass beim Freeclimbing zur Sicherung benutzt
ird, dehnt sich aus, damit die Kraft, die auf den Kletterer wirkt, nicht so groß ist. Es wäre sehr
efährlich, ein Seil zu benutzen, das sich nicht dehnt – denn auf den Kletterer würde plötzlich
ine große Kraft wirken.

Den Impulserhaltungssatz herleiten

Vir leiten nun den Impulserhaltungssatz her, indem wir die Aussage „Impulsänderung =
Kraftstoß" benutzen.

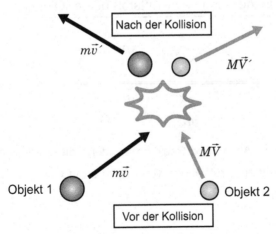

Nehmen wir an, die Objekte 1 und 2 prallen aufeinander, ohne dass eine Kraft von außen auf
sie wirkt (siehe Abbildung). Betrachten wir zuerst Objekt 1 auf der linken Seite. Die Masse des
Objekts sei m und $\vec{v}$ bzw. $\vec{v}'$ seien die Geschwindigkeit vor bzw. nach dem Aufprall. Außerdem

sei $\vec{F}$ die Kraft, die von Objekt 2 auf Objekt 1 wirkt. Mit dem Ausdruck „Impulsänderung Kraftstoß" ergibt sich dann:
$$m\vec{v}' - m\vec{v} = \vec{F}t$$

Dabei sei t die Dauer des Aufpralls der beiden Obkjekte und die Kraft wirkt mit einem konstanten Wert. Betrachten wir nun Objekt 2 auf der rechten Seite. Es sei M die Masse des Objekt und $\vec{V}$ bzw. $\vec{V}'$ die Geschwindigkeit vor bzw. nach dem Aufprall. $\vec{f}$ sei die Kraft, die von Objekt auf Objekt 2 wirkt. Wir erhalten: $M\vec{V}' - M\vec{V} = \vec{f}t$

Die Dauer des Aufpralls ist natürlich genauso groß wie oben.

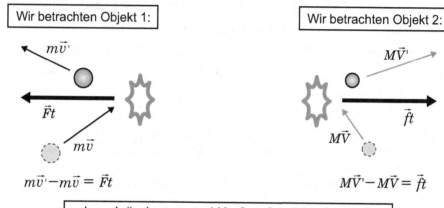

| Wir betrachten Objekt 1: | Wir betrachten Objekt 2: |

$$m\vec{v}' - m\vec{v} = \vec{F}t \qquad M\vec{V}' - M\vec{V} = \vec{f}t$$

Impulsänderung und Kraftstoß beider Objekte

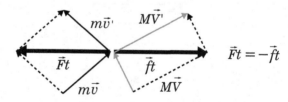

Wir wenden das Prinzip von Aktion und Reaktion an, denn die Kraft $\vec{f}$, die von Objekt 1 auf Objekt 2 wirkt, ist äquivalent zur Kraft $\vec{F}$, die von Objekt 2 auf Objekt 1 wirkt (mit entgegengesetzter Richtung). Dann gilt: $\vec{f} = -\vec{F}$

Wir multiplizieren mit t und erhalten: $\vec{f}t = -\vec{F}t$

Wir setzen die letzten beiden Ausdrücke für „Impulsänderung = Kraftstoß" in die Gleichung oben ein und erhalten: $M\vec{V}' - M\vec{V} = -(m\vec{v}' - m\vec{v})$

Nach Umformung erhalten wir: $m\vec{v}' + M\vec{V}' = m\vec{v} + M\vec{V}$

Dies ist der Impulserhaltungssatz, wie wir es auf Seite 125* kennengelernt haben!

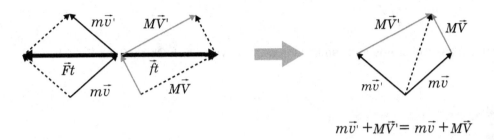

$$m\vec{v}' + M\vec{V}' = m\vec{v} + M\vec{V}$$

In einer Vektordarstellung entsprechen die vorangegangenen Ausdrücke der Darstellung oben rechts mit der revidierten Darstellung der Vektoren, nachdem „Impulsänderung = Kraftstoß" für die Objekte 1 und 2 addiert wurde. Die Abbildung auf der linken Seite entspricht dem Prinzip von Aktion und Reaktion.

Problemlösung mit dem Impulserhaltungssatz: Addition und Zerlegung

Allgemein kann ein Problem, das eine Kollision beinhaltet, nicht gelöst werden, indem man einfach den Impulserhaltungssatz anwendet. Jedoch ist dieses Gesetz ausreichend für Probleme, in denen ein Objekt in zwei aufgeteilt wird oder umgekehrt zwei Objekte zu einem zusammengefasst werden. In dem Beispiel des geworfenen Werkzeugs (Seite 126) kann man das Problem so betrachten, dass eine Aufteilung stattfindet: Megumi und das Werkzeug bilden ein Objekt mit der Masse $m + M$. Schauen wir uns nun ein Problem an, in dem es umgekehrt um die Zusammenfassung zweier Objekte geht.

Nehmen wir an, Objekt 1 mit der Masse m und der Geschwindigkeit v wird mit Objekt 2, das die Masse M und die Geschwindigkeit V hat, zusammengefasst. Wir nehmen an, dass

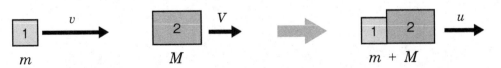

---

* Auf Seite 125 wurde der Ausdruck vereinfacht und enthielt keine Vektorsymbole. Aber um genau zu sein, müssen wir berücksichtigen, dass der Impuls ein Vektor ist und entsprechende Symbole benutzen. Allerdings können wir die Symbole für den Fall einer Kollision zwischen zwei Objekten auf einer geraden Linie wiederum weglassen.

u die Geschwindigkeit des zusammengefügten Objekts ist. Wir erhalten nach dem Impuls erhaltungsgesetz:

$$mv + MV = (m + M) u$$

Und für die Geschwindigkeit des Gesamtobjekts ergibt sich:

$$u = \frac{mv + MV}{m + M}$$

Beachte, dass dieser Ausdruck auch dann wahr ist, wenn sich Objekt 2 mit $V < 0$ bewegt.

Die Einheit des Impulses

Schauen wir uns kurz die Einheit an, die für den Impuls benutzt wird. Zur Erinnerung: Die Einheit der Kraft ist „N" (Newton). Aber es gibt keine spezielle Einheit für den Impuls. Mit der Definition „Impuls = Masse · Geschwindigkeit" ergibt sich für die Einheit des Impulses:

Einheit des Impulses = Einheit der Masse · Einheit der Geschwindigkeit

= [kg] · [m/s] = [kg · m/s]

Dies ist also die Einheit des Impulses. Außerdem kann man den Ausdruck „Impuls = Kraftstoß benutzen, um die Einheit des Impulses zu bestimmen. Da die Einheit der Impulsänderung der Einheit des Impulses entspricht, ist die Einheit des Impulses offensichtlich dieselbe wie die des Kraftstoßes. Es gilt Folgendes:

Einheit des Impulses = Einheit des Kraftstoßes = Einheit der Kraft · Einheit der Zeit = [N] · [s]

Dies scheint auf den ersten Blick etwas anderes zu sein als [kg · m/s]. Aber da [N] = [kg · m/s²] ist, erhält man: [kg · m/s²] · [s]. Und man sieht, dass es sich um dieselbe Einheit handelt!

Wir können also sagen, die Einheit des Impulses ist [kg · m/s] oder [N · s].

Ein Schritt weiter

Das Prinzip von Aktion und Reaktion vs. Impulserhaltungssatz

Mit Differential- und Integralrechnung können wir den Impulserhaltungssatz einfach herleiten: Es seien $\vec{v}_1$ und m_1 die Geschwindigkeit bzw. Masse von Objekt 1 sowie $\vec{v}_2$ und m_2 Geschwindigkeit und Masse von Objekt 2. Es wirke keine Kraft von außen. Außerdem sei $\vec{F}_{1\to 2}$ die Kraft, die von Objekt 1 auf Objekt 2 wirkt und $\vec{F}_{2\to 1}$ die Kraft, die von Objekt 2 auf Objekt 1 wirkt. Die Bewegungsgleichung jedes Objekts lautet wie folgt:

$$m_1 \frac{d\vec{v}_1}{dt} = \vec{F}_{2\to 1} \quad \text{und} \quad m_2 \frac{d\vec{v}_2}{dt} = \vec{F}_{1\to 2}$$

Wir setzen diese Ausdrücke in folgenden Ausdruck für das Prinzip von Aktion und Reaktion ein:

$$\vec{F}_{1\to 2} = -\vec{F}_{2\to 1}$$

Und wir erhalten:

$$m_2 \frac{d\vec{v}_2}{dt} = -m_1 \frac{d\vec{v}_1}{dt}$$

Da die Masse konstant ist, erhalten wir:

$$\frac{d(m_2 \vec{v}_2)}{dt} = -\frac{d(m_1 \vec{v}_1)}{dt}$$

Wir formen um und erhalten:

$$\frac{d}{dt}(m_1 \vec{v}_1 + m_2 \vec{v}_2) = 0$$

Dieser Ausdruck besagt, dass die Summe der Impulse der Objekte 1 und 2, also $m_1 v_1 + m_2 v_2$, sich über die Zeit nicht ändert. So erhalten wir den Impulserhaltungssatz:

$$m_1 \vec{v}_1 + m_2 \vec{v}_2 = \text{konstant}$$

Wir haben gezeigt, dass sich den Impulserhaltungssatz aus dem Prinzip von Aktion und Reaktion sowie der Bewegungsgleichung herleiten lässt. Umgekehrt steht also auch der Impulserhaltungssatz hinter dem Prinzip von Aktion und Reaktion.

Wir können zudem den Impulserhaltungssatz für drei oder mehr Objekte herleiten.

Der Impulserhaltungssatz als Vektor

Da der Impuls ein Vektor ist, kann man auch den Impulserhaltungssatz als Vektor begreifen Anders gesagt wird der Impuls erhalten, sowohl hinsichtlich Größe als auch Richtung. Änder sich die Richtung eines Impulses, so wie im Beispiel mit den Münzen auf Seite 121, muss mar für die Berechnung den Impuls in seine Bestandteile zerlegen.

Angenommen, ein bewegtes Objekt 1 (zum Beispiel die 100-Yen-Münze) kollidiert mit einem unbewegten Objekt 2 (zum Beispiel der 500-Yen-Münze). Es sei m die Masse von Objekt 1, $\vec{v}$ und $\vec{v}'$ seien seine Geschwindigkeiten vor und nach der Kollision, M sei die Masse von Objek 2 und $\vec{V}'$ dessen Geschwindigkeit nach der Kollision. Wir richten die x-Achse in die Richtung der Geschwindigkeit von Objekt 1 vor der Kollision aus und es seien θ und ϕ die Winkel der Geschwindigkeit von Objekt 1 bzw. 2 nach der Kollision und $v = |\vec{v}|$, $v' = |\vec{v}'|$, $V' = |\vec{V}'|$. Danr gilt:

$$\vec{v} = (v, 0), \quad \vec{v}' = (v'\cos\theta, v'\sin\theta) \quad, \quad \vec{V}' = (V'\cos\phi, -V'\sin\phi)$$

Mit dieser Darstellung der Elemente des Geschwindigkeits-Vektors können wir das Impulser-haltungsgesetz durch Zerlegung des Impulses in seine Bestandteile ausdrücken.

Für die x-Richtung: $mv = mv'\cos\theta + MV'\cos\phi$

Für die y-Richtung: $0 = mv'\sin\theta - MV'\sin\phi$

Wenn eine 500-Yen-Münze mit einer 100-Yen-Münze kollidiert, springt die 100-Yen-Münze meist nach hinten. Dann ist $\theta > 90°$ und $\cos\theta < 0$. In der folgenden Abbildung sehen wir einen Fall, in dem $\theta < 90°$ ist:

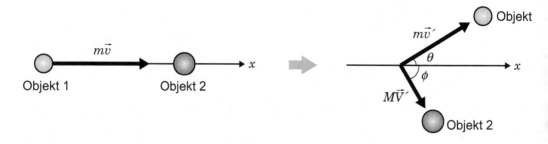

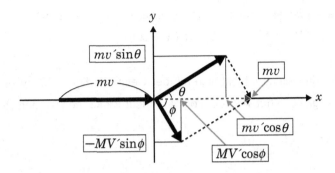

m zu bestimmen, mit welcher Geschwindigkeit und in welchem Winkel sich ein Objekt nach
er Kollision mit einem anderen Objekt bewegt, benötigen wir mehr als den Impulserhal-
ngssatz. Dieses Problem werden wir uns im nächsten Kapitel anschauen.

Der Raketenantrieb

uf Seite 126 haben wir erfahren, dass ein Astronaut sich, wenn er ein Werkzeug wirft, in die
em Wurf entgegengesetzte Richtung bewegt. Hinter diesem Phänomen steht das gleiche
rinzip wie bei einem Raketenantrieb. Eine Rakete steigert ihre Geschwindigkeit, indem eine
roße Menge Gase an ihrem Heck entweicht und sich die Rakete selbst in die entgegengesetz-

$$V = 0 \qquad M$$

$$-u \qquad \overset{\bullet}{m} \qquad V_1 \overset{\longrightarrow}{} \qquad M-m$$

e Richtung bewegt. Schauen wir uns das genauer an.

lehmen wir zuerst an, dass eine unbewegte Rakete in den Weltraum ein kleines Objekt mit der
lasse m bei einer Geschwindigkeit von -u (u > 0) entweichen lässt. Es sei M die Summe der
lasse des kleinen Objekts und der Rakete sowie V_1 die Geschwindigkeit der Rakete nach dem
ntweichen des Objekts. Mit dem Impulserhaltungssatz erhält man:

$$0 = (M - m)V_1 + m(-u)$$

$$\therefore V_1 = \frac{m}{M-m}u \tag{1}$$

Angenommen, die Rakete lässt ein weiteres Objekt mit der Masse m in die gleiche Richtung
entweichen wie das erste, und zwar auch mit der Geschwindigkeit $-u$. Es sei V_2 die Geschwin-
ligkeit der Rakete nach dem Entweichen und die Masse der Rakete vor bzw. nach dem

Entweichen des zweiten Objekts ist $M - m$ bzw. $M - 2m$. Wir erhalten:

$$(M - m)V_1 = (M - 2m)V_2 + m(V_1 - u)$$

Beachte, dass das kleine Objekt sich mit der Geschwindigkeit $V_1 - u$ bewegt, wenn die Rakete die Geschwindigkeit V_1 hat. Aus dem obigen Ausdruck können wir den Wert von V_2 berechnen:

$$V_2 = V_1 + \frac{m}{M - 2m}u \qquad (2)$$

Wir setzen Ausdruck (1) in Ausdruck (2) ein, um V_1 zu eliminieren, und erhalten:

$$V_2 = \frac{m}{M - m}u + \frac{m}{M - 2m}u \qquad (3)$$

$$= \left(\frac{1}{M - m} + \frac{1}{M - 2m}\right)mu$$

(Von der Rakete mit der Geschwindigkeit V_{N-1} aus entweicht das Objekt mit der Geschwindigkeit $-u$ nach hinten.)

Angenommen, die Rakete würde immer weitere Objekte entweichen lassen, alle mit der Masse m und der relativen Geschwindigkeit $-u$. Es sei die Geschwindigkeit der Rakete V_N, wenn sie Objekte entweichen lässt. Dann sieht das Impulserhaltungsgestz so aus:

$$[M - (N - 1)m]V_{N-1} = (M - Nm)V_N + m(V_{N-1} - u)$$

Und für V_N ergibt sich:

$$V_N = V_{N-1} + \frac{m}{M - Nm}u$$

Verwendet man diesen Ausdruck wiederholt, dann erhält man:

$$V_N = \left(\frac{1}{M - m} + \cdots + \frac{1}{M - Nm}\right)mu = \sum_{k=1}^{N}\frac{m}{M - km}u \qquad (4)$$

Bei einer echten Rakete entweichen am Heck kontinuierlich Gase. Also formen wir Ausdruck (4) für diesen Fall um. Nehmen wir an, die Rakete emittiert Gase der Masse Δm in einen eitintervall Δt bei der relativen Geschwindigkeit $-u$. Es sei t die Dauer vom unbewegten ustand bis zum n-ten Emittieren von Gasen, dann gilt: $t = N\Delta t$. Es sei $V(t)$ die Geschwindigkeit er Rakete und wir formen Ausdruck (4) um mit $m \to \Delta m$, $V_N = \to V(t)$. Wir erhalten:

$$V(t) = \sum_{k=1}^{N} \frac{\Delta m}{M - (\Delta m / \Delta t)(k\Delta t)} u \tag{5}$$

etrachtet man nun unendlich kleine Zeitintervalle Δt (man schreibt dafür auch $\Delta t \to 0$), so estimmt man die Summe mithilfe der Integralrechnung. Um zur Integralrechnung zu springen, üssen wir folgende Umformungen beachten:

$\to \infty$ und $\Delta m/\Delta t \to dm/dt$. Die über die Zeit emittierte Masse oder anders gesagt die emit- erten Gase) sind gegeben und lassen sich wie folgt umformen: $\Delta m \to (dm/dt)\, dt$. Außerdem lt: $k \cdot \Delta t = t$ Wir erhalten:

$$V(t) = u \int_0^t \frac{1}{M - (dm/dt)t} \left(\frac{dm}{dt}\right) dt$$

$$= u \int_0^t \frac{1}{M(dm/dt)^{-1} - t} dt \tag{6}$$

Venn die Emission der Gase über die Zeit gleichförmig ist, gilt $dm/dt = \alpha$ (α ist eine Konstante). usdruck (6) kann so integriert werden:

$$V(t) = u \int_0^t \frac{1}{(M/\alpha) - t}\, dt = u\, [-\log_e (M/\alpha - t)]_0^t$$

$$= u\, \log_e\left(\frac{M}{M - \alpha t}\right) \tag{7}$$

usdruck (7) ist die Geschwindigkeit einer Rakete, und zwar mit der Ausgangsgeschwindigkeit $V(0) = 0$. Beachte, dass αt die Gesamtmasse der im Zeitintervall t emittierten Gase ist. Es ei die ursprüngliche Masse des in der Rakete enthaltenen Treibstoffs m_0. Die Rakete ver- raucht den Treibstoff in der Zeit t, also gilt $t = m_0 / \alpha$, und die Rakete bewegt sich nach der eschleunigung mit einer gleichförmigen Geschwindigkeit, wie die folgende Abbildung zeigt:

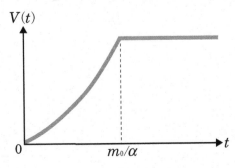

Arbeit und Energie

1. Arbeit und Energie

Es ist halt ruhig hier!

Und das ist genau das Richtige für unsere letzte Stunde.

Okay.

Energie ist ...

Also, wenn man eine Treppe oder einen Hang hinaufgeht, ...

... ist das viel anstrengender, als auf ebenem Boden zu laufen.

Tatsächlich braucht der Körper dann fast dreimal so viel Energie!

Schau, wie viel verbraucht wird!

Echt so viel?

Aber der Begriff „Energie" begegnet uns ja auch in vielen anderen alltäglichen Situationen, nicht wahr?

Stimmt! Energiesparende Autos, Energy-Drinks, ...

Es ist so ähnlich wie bei „Kraft", damit meint man in der Physik ja auch etwas anderes als im Alltag.

Was meinst du?

Gibt es etwa für Energie auch eine Definition in der Physik?

Ja!

So wie Kraft folgt auch Energie den Bewegungsgesetzen!

Auch „Energie" ist genau definiert!

154

— Puh!

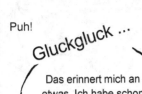

Gluckgluck ...

Das erinnert mich an etwas. Ich habe schon mal von kinetischer Energie und potentieller Energie gehört ...

Genau! Ein Objekt in Bewegung verfügt über kinetische Energie. Sie repräsentiert den Grad der Bewegung.

Kinetische Energie ist was anderes als der Impuls, oder?

Hier!

Schnapp

Ja! Hinter dem Impuls steht der Impulserhaltungssatz. Aber es gibt noch ein anderes Gesetz, nämlich der Energieerhaltungssatz.

Du meinst, Energie wird auch erhalten?

Energie kann in verschiedenen Formen auftreten, nicht nur in solch köstlichen Getränken ...

Neben der kinetischen und potentiellen Energie gibt es noch ...

... chemische Energie, thermische Energie, ...

Schmeckt's dir nicht?

Grusel

... oder Atomenergie.

Allerdings kann man Energie von einer Form ...

... in eine andere umwandeln.

Tataa!

Energie kann also unterschiedliche Formen annehmen?

Aber egal, wie unterschiedliche die Formen sind, die Summe bleibt gleich. Und das nennt man den Energieerhaltungssatz!

Die Summe bleibt gleich!

Schauen wir uns ein Beispiel an!

An einem Fahrrad befindet sich zum Beispiel ein Dynamo.

Der Dynamo wandelt die kinetische Energie des Fahrrads in elektrische Energie um und dann in Licht.

Klar!

Klack

Klack

Hm, in unserem Körper ändert Energie also auch die Form!

Wow!

Dabei fühlen wir uns manchmal, als hätten wir Energie verbraucht.

Aber eigentlich verwandelt sich Energie nur in eine andere Form und die Summe der Energie bleibt dabei gleich!

Die Energie zirkuliert also gewissermaßen, aber ihre Menge bleibt konstant.

Zwei grundlegende Formen von Energie sind die kinetische und die potentielle Energie.

Beides sind Formen der „Mechanischen Energie".

Potentielle Energie ...?!

Wir werden ...

... später darüber sprechen!

Fangen wir aber mit der kinetischen Energie an.

Okay!

Die Energie eines Objekts ist folgendermaßen definiert:

Aha!

Kinetische Energie = 1/2 · Masse · Geschwindigkeit · Geschwindigkeit

Hier geht es auch wieder um die Geschwindigkeit!

Ja, aber ...

... kinetische Energie kann niemals einen negativen Wert annehmen. Du erinnerst dich, beim Impuls ...

... war das möglich, weil wir eine negative Geschwindigkeit einsetzen konnten.

Wie jetzt genau?

Vergleichen wir's mit dem Impuls!

Du erinnerst dich sicher an folgenden Ausdruck:

Kraft = Masse · Beschleunigung

Klar!

Der Impuls ist ein Vektor, der sich aus der Größe des Werts und einer Richtung zusammensetzt.

Klapp

Genau! Außerdem ist es so: Selbst wenn der Impuls zweier Objekte äquivalent ist, ...

... ist es die kinetische Energie nicht.

Verstehe! Kinetische Energie hat keine Richtung!

Tatsächlich?

Vergleichen wir den Impuls eines Objekts mit einer Masse von 1 kg und einer Geschwindigkeit von 1 m/s mit ...

... dem Impuls eines anderen Objekts mit einer Masse von 0,5 kg und einer Geschwindigkeit von 2 m/s. In beiden Fällen ist der Impuls 1 kg · m/s.

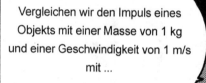

1 [m/s]

1 [kg]

Impuls = 1 kg · m/s
Kinetische Energie = 0,5 J

Die kinetische Energie ist im ersten Fall
1/2 · 1 kg · 1 m/s · 1 m/s = 0,5 J

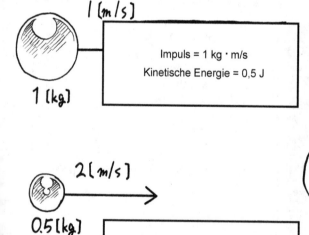

2 [m/s]

0,5 [kg]

Impuls = 1 kg · m/s
Kinetische Energie = 1 J

Und im zweiten Fall beträgt die kinetische Energie
1/2 · 0,5 kg · 2 m/s · 2 m/s = 1 J

Der Unterschied zwischen Impuls und kinetischer Energie

 Der Unterschied zwischen Impuls und kinetischer Energie ist leichter zu verstehen, wenn wir uns zwei oder mehr Objekte auf einmal vorstellen.

 Ach ja?

 Erinnern wir uns an die Situation, in der du im Weltraum ein kleines Problem hattest (Seite 126). Du musstest zum Raumschiff zurück und konntest dafür das Gesetz des Impulserhalts nutzen. Du hast selbst den Impuls mv erhalten, indem du ein Werkzeug mit der Masse M und der Geschwindigkeit V weggeworfen hast.

 Ja, ich erinnere mich!

 Vor dem Wurf war der Impuls für beide Objekte 0. Nach dem Wurf war der Impuls gemäß des Gesetzes des Impulserhalts

Impuls Astronautin + Impuls Werkzeug = $mv + MV = 0$

Also ist $mv = -MV$. Anders gesagt: Der Impuls des Werkzeugs und der Astronautin sind in der Größe äquivalent und in der Richtung entgegengesetzt, sodass die Addition 0 ergibt.

 Da der Impuls ein Vektor ist, hat er auch eine Richtung. Deshalb heben sich Impulse mit gleicher Größe, aber entgegengesetzter Richtung auf.

 Schauen wir uns die kinetische Energie des Werkzeugs und der Astronautin an, Vor dem Wurf sind beide unbewegt und daher ist die kinetische Energie für beide Objekte gleich 0.

Aber nach dem Wurf ist kinetische Energie vorhanden, deren Summe nicht gleich 0 ist, sondern:

Kin. Energie Werkzeug + Kin. Energie Astronautin = $\frac{1}{2}mv^2 + \frac{1}{2}MV^2 > 0$

Ich habe mich also bewegt, weil kinetische Energie erzeugt wurde!

Diese kinetische Energie wurde dadurch erzeugt, dass du das Werkzeug geworfen hast. Berücksichtigen wir nun der Energieerhaltungssatz, dann muss andererseits dein Körper auch Energie verloren haben, und zwar genau in der Höhe der entstandenen kinetischen Energie.

Hmm, stimmt.

Während es schwierig ist, die Menge der vorhandenen Energie in einem lebenden Körper zu messen, kann man den Zuwachs oder die Abnahme aber gut messen, indem man die Energie misst, die der Körper abgegeben oder aufgenommen hat

Ich kann also annehmen, dass mein Körper Energie auf andere Objekte, zum Beispiel das geworfene Werkzeug, abgegeben hat. Stimmt's?

Ja, und zwar wegen des Energieerhaltungssatzes! Du siehst anhand dieser Beispiele, dass Impuls und Energie unterschiedlich sind.

 **Potentielle Energie**

Ich hatte ja schon einmal gesagt, dass mechanische Energie unter anderem kinetische und potentielle Energie umfasst.

Und potentielle Energie ist die Energie, die ein Körper durch seine Position hat.

Tatsächlich?

Ja!

„Potential" ist eine Art „verborgene Fähigkeit".

Also ist die potentielle Energie dann eine „verborgene Energie"?

Schauen wir uns das mal an und nehmen diesmal Hochsprung als Beispiel!

Im höchsten Punkt hat dein Körper die potentielle Energie der Gravitation anstatt der kinetischen Energie.

In dem Moment, in dem du beim Hochsprung die höchste Position erreichst, verschwindet die kinetische Energie.

Aber wenn du fällst, steigt die kinetische Energie. Anders ausgedrückt: Im höchsten Punkt bewegst du dich nicht und dort muss eine Art „verborgene Energie" sein, die kinetische Energie erzeugt.

Und das ist die potentielle Energie!

Energie, die sich im Raum befindet und die kinetische Energie erzeugt – das ist potentielle Energie.

Zack

In einem Raum, der potentielle Energie enthält, ...

... haben wir ein Objekt und ...

... kinetische Energie wird erzeugt.

Wenn wir ein Objekt gerade nach oben heben, ist die geleistete Arbeit „Kraft · Weg".

Wenn wir das Objekt aber nur festhalten, leisten wir im Sinne der Physik keine Arbeit, auch wenn wir es ziemlich anstrengend finden.

Kraft

Du leistest Arbeit, wenn du eine Tasche anhebst.

Kraft

Keine Bewegung

Sie nur festzuhalten, bedeutet keine Arbeit.

Bewegung

Verstehe, es ist anstrengend, aber es ist keine Arbeit ...

Arbeit bedeutet, Energie zu erhöhen oder zu reduzieren. Deshalb kann man sagen, dass ein Objekt zum Beispiel kinetische Energie hat.

Aber man sagt nicht, ein Objekt „hat" Arbeit, sondern es „leistet" oder „verrichtet" Arbeit.

Paff

Ryotas Tasche ist ja schwerer als meine ...

Schwitz

Keuch

Keuch

Klar ...

Arbeit und potentielle Energie

Du kannst durch Arbeit potentielle Energie reduzieren oder vergrößern.

Ja, wenn ich Arbeit leiste, um ein Objekt anzuheben, steigt die potentielle Energie

Nehmen wir noch mal das Beispiel mit der Handtasche!

Kraft der Hand (soviel, um die Gravitation auszugleichen)

Höhe, zu der das Objekt angehoben wird

Hier wurde die oben beschriebene Arbeit geleistet.

Die Richtung der Kraft und die Richtung des Wegs, in die sich die Tasche bewegt, sind gleich, deshalb ist der Wert der Arbeit positiv.

Das heißt, die potentielle Energie steigt.

Mal sehen, wir können auch eine Schräge benutzen oder eine Rolle ...

Deshalb ist Arbeit nicht darauf beschränkt, ein Objekt anzuheben ...

... und damit die Kraft reduzieren, die für das Anheben nötig ist.

In dem Fall wird allerdings der Weg länger, auf dem die Kraft wirken muss, als beim geraden Anheben eines Objekts.

Und deshalb bleibt – wenn man von der gleichen Höhe ausgeht, auf die das Objekt angehoben wird – die geleistete Arbeit gleich.

Schwupp!

Huch!

Das nennt man das „Prinzip der Arbeit"!

Verstehe!

Das Prinzip der Arbeit beweisen

 Angenommen, wir heben ein schweres Objekt auf eine bestimmte Höhe an. Am einfachsten ist es, dss Objekt gerade nach oben zu heben. Du siehst es auf dem folgenden Bild:

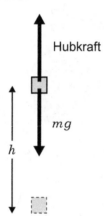

Hubkraft

mg

h

 Wir heben die Masse m auf die Höhe h an.

 Mal schauen, wie viel Arbeit wir dabei verrichten. Wir brauchen eine Kraft, die die die Gravitation überwindet, die also genauso groß oder größer ist als die Gravitation. Es sei g die Erdbeschleunigung, dann ist sowohl die Gravitation als auch die von uns benötigte Kraft mg. Und wir erhalten:

Arbeit, um das Objekt gerade anzuheben = Hubkraft · Höhe = mgh

Den Luftwiderstand oder Reibung lassen wir mal außer acht.

Übrigens ist das gerade Anheben von Objekten zwar ein einfacher Vorgang, aber wir finden es doch meist ziemlich anstrengend.

 Stimmt! Es ist leichter, das Objekt über eine Steigung nach oben zu bringen.

 Schauen wir uns diesen Fall doch einmal an!

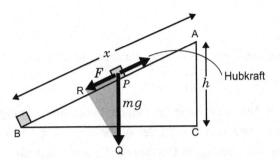

Die Kraft, die wir benötigen, um das Objekt anzuheben, ist genauso groß wie die Kraft, die wir brauchen, um die Kraft der Gravitation auszugleichen, die auf der Steigung gegen uns wirkt. Die Kraft entspricht also dem F in der Abbildung. Es habe nun die Steigung die Länge x, dann berechnen wir die benötigte Arbeit wie folgt:

Arbeit, um das Objekt auf der Schrägen in die Höhe h zu bringen = Fx

Du siehst, dass F zwar kleiner ist als mg, aber der Weg, auf dem die Kraft wirken muss, ist länger.

Und deshalb ist die verrichtete Arbeit in beiden Fällen gleich!

Mal sehen! Im Dreieck *ABC* kann man die Steigung bestimmen und im Dreieck *PQR* sieht man die Zerlegung der Kraft. Beides sind rechtwinklige Dreiecke mit denselben Winkeln. Es sind also ähnliche Figuren, die nur eine unterschiedliche Größe haben. Daher sind die Proportionen der entsprechenden Seiten auch gleich und es gilt:

$$\frac{AB}{AC} = \frac{PQ}{PR}$$

Es ist $AB = x$, $AC = h$, $PQ = mg$ und $PR = F$, und wir erhalten:

$$\frac{x}{h} = \frac{mg}{F}$$

Und das lässt sich so umformen:

$$Fx = mgh$$

Also stimmt auch das hier:

Arbeit, um das Objekt auf der Schrägen in die Höhe h zu bringen = Arbeit, um das Objekt gerade anzuheben

Wir könnten so auch das Prinzip der Arbeit beweisen!

 Mal sehen! Unser Ergebnis gilt für jede beliebige Steigung.
Wir wissen, dass das Prinzip der Arbeit unabhängig vom Weg oder der Arbeit, die für das Anheben eines Objekts der Masse m auf die Höhe h geleistet werden muss, immer so aussieht:

Kraft, um die Gravitation auszugleichen · Höhe = mgh

 Und unabhängig davon, wie wir es anheben, bleibt die Arbeit gleich.

 Anders gesagt: Die Arbeit lässt die potentielle Energie um mgh steigen. Das heißt, ein Objekt mit der Masse m, das sich in der Höhe h befindet, verfügt über die potentielle Energie mgh.

 Und weil das Absenken des Objekts negative Arbeit ist, fällt die potentielle Energie dann wieder!

 Das ist übrigens unabhängig davon, in welcher Ausgangshöhe sich das Objekt befunden hat – es ist relativ zur Ausgangshöhe immer wahr.

Arbeit und Energie

Irgendwie komme ich mir plötzlich kleiner vor ...

Arbeit wird nicht nur verrichtet, wenn die potentielle Energie steigt oder fällt, sondern auch, ...

... wenn die kinetische Energie eines Objekts beeinflusst wird!

Ich bin ja auch gewachsen!

Träller!

Hilfe!

Arbeit wird also auch verrichtet, wenn wir ein Objekt bewegen oder zum Stillstand bringen?

Oh, wie süß!

Plopp

Moment, Nino... was soll das?

Rede einfach weiter!

Also ..

Schieb

Wenn du für einen bestimmten Weg Kraft auf ein unbewegtes Objekt ausübst, steigt seine kinetische Energie.

Kraft

Objekt bewegt sich durch die einwirkende Kraft

Das erzeugt kinetische Energie

Zack!

* Pachinko ist ein in Japan sehr beliebtes Spie

Das Verhältnis von Arbeit und kinetischer Energie

 Schauen wir uns an, wie wir das Verhältnis von Arbeit und kinetischer Energie herleiten können. Angenommen, es wirkt eine konstante Kraft F in der gleichen Richtung auf ein Objekt m, in die es sich gleichförmig bewegt, und das Objekt legt dabei den Weg x mit der Anfangsgeschwindigkeit v zurück.

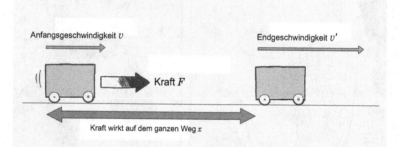

Anfangsgeschwindigkeit v

Endgeschwindigkeit v'

Kraft F

Kraft wirkt auf dem ganzen Weg x

 Es wirkt also in Richtung der Bewegung eine zusätzliche Kraft auf das Objekt.

 Dann gilt Folgendes:

Vom Objekt verrichtete Arbeit = Fx

Es sei v' die Geschwindigkeit des Objekts, nachdem die Arbeit an ihm verrichtet wurde, dann gilt:

Änderung der kinetischen Energie = $\frac{1}{2}mv'^2 - \frac{1}{2}mv^2$

Daher ist

Änderung der kinetischen Energie eines Objekts
= am Objekt verrichtete Arbeit

Dieses Verhältnis wird so ausgedrückt:

$$\frac{1}{2}mv'^2 - \frac{1}{2}mv^2 = Fx$$

 Verstehe ...

Und man kann den Ausdruck so herleiten: Da F per Definition konstant ist, beschleunigt das Objekt gleichförmig. Es sei a die Beschleunigung des Objekts, dann gilt die Regel der gleichförmigen Beschleunigung wie folgt:

$$v'^2 - v^2 = 2ax$$

(siehe Ausdruck (3) auf S. 87)

In diesen Ausdruck setzen wir die Bewegungsgleichung ein:

$$ma = F$$

Und wir erhalten:

$$v'^2 - v^2 = 2\frac{F}{m}x$$

Wir multiplizieren beide Seiten mit $1/2m$ und erhalten:

$$\frac{1}{2}mv'^2 - \frac{1}{2}mv^2 = Fx$$

 Wenn ich mich zusammenreiße, kann ich das bestimmt ausrechnen!

 Wenn die Richtung der Bewegung mit der der Kraft übereinstimmt, ist $F > 0$ und daher $Fx > 0$, sodass positive Arbeit verrichtet wird (x ist immer positiv, da es für den Weg steht). Wir erhalten:

$$\frac{1}{2}mv'^2 - \frac{1}{2}mv^2 > 0 \;=\; \frac{1}{2}mv'^2 > \frac{1}{2}mv^2$$

Die kinetische Energie steigt also. Wenn aber die Kraft entgegengesetzt der Bewegung wirkt, dann ist $F < 0$ und auch $Fx < 0$. Es wird also negative Arbeit verrichtet und die kinetische Energie des Objekts fällt.

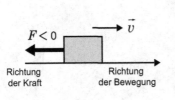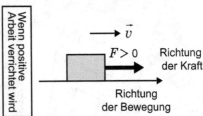

🍎 Bremsweg und Geschwindigkeit

Mit dem Verhältnis „Kinetische Energie = Arbeit" betrachten wir nun den Bremsweg.

Was ist ein Bremsweg?

Das ist der Weg eines Fahrzeugs von dem Punkt, ab dem man zu bremsen beginnt, ...

... bis es dann zum Stillstand kommt.

Wir kennen jetzt das Verhältnis von Arbeit und kinetischer Energie und es gilt Folgendes:

1/2 (Masse · Geschwindigkeit · Geschwindigkeit) = Bremskraft · Bremsweg

Quiiiieeeeetsch

Wenn man nicht weiß, dass der Bremsweg proportional zum Quadrat der Geschwindigkeit ist, ...

Brrrr

... kann es knapp werden!

Keine Sorge, das reicht noch!

Der Weg bis zum Haltepunkt verdreifacht sich ebenfalls, er beträgt also 30 m – die Differenz zum tatsächlichen Bremsweg beträgt also 60 m, was ziemlich viel ist!

Wroom

Es würde also einen Unfall geben, obwohl der Fahrer sich sicher war – und das passiert ja auch.

Deshalb wird auch in Fahrschulen großer Wert darauf gelegt, dass alle wissen, dass der Bremsweg proportional zum Quadrat der Geschwindigkeit ist.

Ist auch gut so ...

Oooh!

2. Der Energieerhaltungssatz

🍎 Energieumwandlung

Kinetische und mechanische Energie können sich jeweils in die andere umwandeln.

Und Energie kann erhalten werden!

Renn

Schauen wir uns noch mal den Hochsprung an, um das Gesetz zu verstehen.

Wenn ein Springer vom Boden abhebt, erzeugen seine Muskeln kinetische Energie.

Nachdem er vom Boden abgehoben hat, wird die kinetische Energie umso kleiner, je höher ...

... der Springer sich befindet. Und wenn er ganz oben ist, beträgt die kinetische Energie 0.

Während des Sprungs wird die kinetische Energie in potentielle Energie umgewandelt, die das Maximum erreicht, wenn sich der Springer am höchsten Punkt befindet.

So wird kinetische Energie in potentielle Energie umgewandelt.

Nachdem der Springer den höchsten Punkt hinter sich gelassen hat, wird die potentielle Energie wieder in kinetische Energie umgewandelt. Und bei der Landung auf der Matte verrichtet die kinetische Energie Arbeit auf die Matte.

Auch potentielle Energie, die nicht durch Gravitation entsteht, wird in kinetische Energie umgewandelt.

Ich habe da auch was mitgebracht, damit wir ein kleines Experiment durchführen können ...

Was denn jetzt schon wieder?

Hier ...

Bitte!

Das ist für dich!

Für mich?!

Drück den Knopf, um die Schachtel zu öffnen!

Neugier

Hmm, vielleicht ist es ...

Klick

Sproing!

Plopp

Ähm, ja ...
Diese kleine
Überraschung hatte
eine Feder.

Falt, klapp

Kram

Geschwindigkeit

Potentielle Energie

Potentielle Energie wird in
kinetische Energie umge-
wandelt

Wenn die Feder in der
Schachtel zusammen-
gedrückt ist, „enthält" sie
potentielle Energie.

Und wenn man die
Schachtel öffnet, wird die
potentielle Energie in kinetische Energie umgewandelt.

Und deine
Überraschung kam
herausgeflogen!

Erhaltung mechanischer Energie

Unglaublich! Hast du das
Ding im Museum gefunden?

Ähm, i... ich ... Ist das nicht mehr aktuell?

Sorry!

Pah!

Vielleicht können wir uns ja die Energieumwandlung noch etwas genauer anschauen!

...

Hast du dazu noch so eine Überraschung mitgebracht?

Nein! Das war die Einzige!

Na schön. Also?

Du weißt ja, dass beim Hochsprung die Bewegung des Körpers beachtet werden muss, was das Ganze etwas komplizierter macht.

Schauen wir uns zuerst wieder unser Beispiel mit dem geworfenen Ball an.

Endlich wieder der Ball ...
Erleichterung!

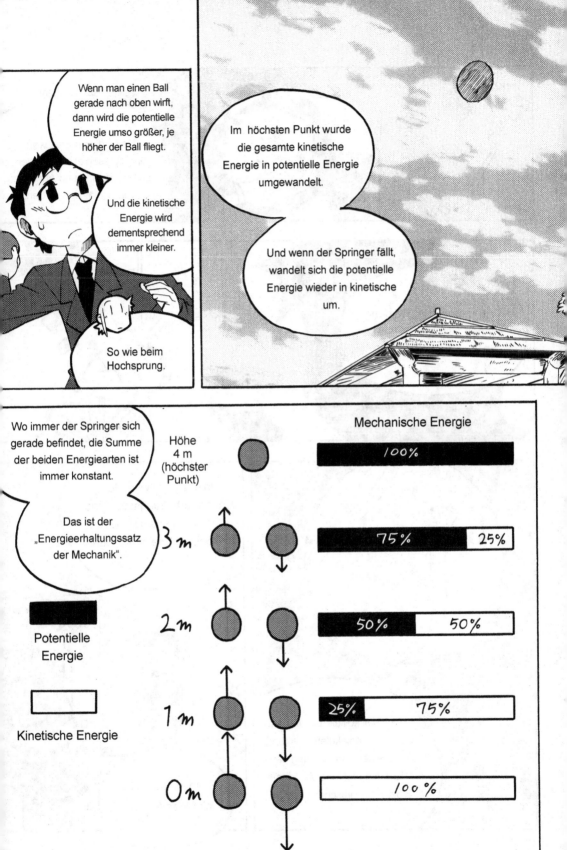

Woosh

オーライ
オーライ

Okay!

Damit dieser Satz wahr ist, müssen allerdings der Luftwiderstand und Ähnliches vernachlässigt werden.

Aha!

Widerstand oder Reibung können also auch Energie umwandeln, stimmt's?

Bong!

Hab ich's mir doch gedacht!

Der Ball kollidiert in der Luft mit den Molekülen, das führt zu einer Umwandlung der Energie und einer Abnahme der mechanischen Energie.

In dem Fall wirkt der Energieerhaltungssatz, und wir können uns das auf der Mikroebene mal anschauen!

Ziemlich beeindruckendes Gesetz!

190

Die Energieerhaltung in einer Formel ausdrücken

Wir zeigen, dass der Energieerhaltungssatz gilt, wenn man einen Ball gerade nach oben wirft. Wir wissen, dass das Verhältnis von kinetisscher Energie und Arbeit so aussieht:

$$\frac{1}{2}mv'^2 - \frac{1}{2}mv^2 = Fx$$

Genau, das hatten wir in einem früheren „Labor"-Abschnitt gezeigt.

Es sei Fx die durch die Gravitation verrichtete Arbeit. Außerdem sei h_0 die Höhe, von der aus der Ball mit der Geschwindigkeit v_0 geworfen wird, und nach dem Wurf erreiche er in der Höhe h die Geschwindigkeit v. Die Kraft wirkt dann während des ganzen Wegs x, der sich aus der Differenz der Höhen ergibt, also ist $x = h - h_0$.

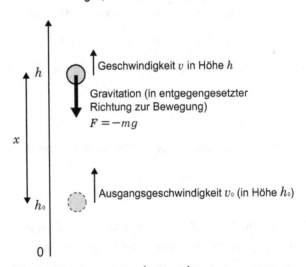

Geschwindigkeit v in Höhe h

Gravitation (in entgegengesetzter Richtung zur Bewegung)
$F = -mg$

Ausgangsgeschwindigkeit v_0 (in Höhe h_0)

Jetzt setzen wir das in unsere Gleichung $\frac{1}{2}mv'^2 - \frac{1}{2}mv^2 = Fx$ ein. Das heißt, v' wird durch v ersetzt und v durch v_0.

Genau! Der Wert der Gravitation ist negativ, da sie entgegengesetzt zum Anwachsen des Weges wirkt. Deshalb wird die Kraft so ausgedrückt:

$$F = -mg$$

Und das ist die Arbeit, die durch die Gravitation verrichtet wird:

$$Fx = -mg\,(h - h_0)$$

Wir setzen dies in die Ausgangsgleichung ein und erhalten:

$$\frac{1}{2}mv^2 - \frac{1}{2}mv_0^2 = -mg\,(h - h_0)$$

Wir formen das um und erhalten:

$$\frac{1}{2}mv^2 + mg\,h = \frac{1}{2}mv_0^2 + mg\,h_0$$

Ist das nicht der Energieerhaltungssatz?

Genau! Wir drücken es noch mal in Worten aus:

Wir wissen: $\frac{1}{2}mv^2$ = kinetische Energie in Höhe h und

$mg\,h$ = potentielle Energie in Höhe h

Daher entspricht die Summe der linken Seite der mechanischen Energie in der Höhe h.

Und die rechte Seite entspricht der mechanischen Energie in der Höhe h_0.

Das stimmt! Da der Wert der mechanischen Energie in der Höhe h_0 äquivalent ist zur mechanischen Energie in der Höhe, aus welcher der Ball geworfen wurden, kann man dem Ausdruck oben auch dieses Verhältnis entnehmen:

Mechanische Energie in der Höhe h = Mechanische Energie in Höhe des Abwurfs

Aha!

 Die mechanische Energie des geworfenen Balls ist also immer gleich der ursprünglichen mechanischen Energie, unabhängig von seiner Höhe. Das ist der Energieerhaltungssatz. Mit diesem Satz können wir auch herausfinden, mit welcher Geschwindigkeit man einen Ball werfen muss, damit er eine bestimmte Höhe erreicht. Da die kinetische Energie des Balls im höchsten Punkt gleich 0 ist, erhalten wir:

$$mg\,h = \frac{1}{2}mv_0^2 + mg\,h_0$$

Daher gilt:

$$mg(h - h_0) = \frac{1}{2}mv_0^2$$

 Das heißt, die ursprüngliche kinetische Energie des Balls wird in potentielle Energie umgewandelt.

 Völlig richtig! Die Geschwindigkeit v_0, mit der man den Ball in die Höhe h werfen kann, wird so berechnet:

$$v_0^2 = 2g(h - h_0)$$

 Wenn wir konkrete Zahlen in diese Gleichung einsetzen, erhalten wir auch die genauen Werte für die erforderliche Geschwindigkeit!

Höhe und Geschwindigkeit eines geworfenen Balls berechnen

Dann wenden wir den Ausdruck, den wir gerade hergeleitet haben, doch einmal an!

Wir wollen den Ball auf eine Höhe von 4 Metern werfen, mit welcher Geschwindigkeit müssen wir den Ball werfen?

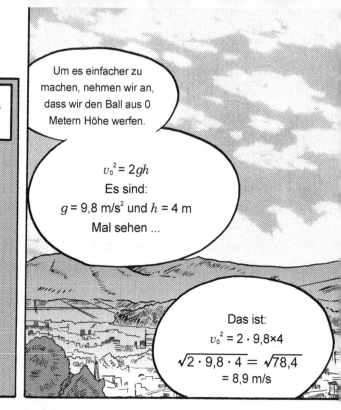

Um es einfacher zu machen, nehmen wir an, dass wir den Ball aus 0 Metern Höhe werfen.

$$v_0{}^2 = 2gh$$

Es sind:

$g = 9{,}8 \text{ m/s}^2$ und $h = 4$ m

Mal sehen ...

Das ist:

$$v_0{}^2 = 2 \cdot 9{,}8 \times 4$$

$$\sqrt{2 \cdot 9{,}8 \cdot 4} = \sqrt{78{,}4}$$

$$= 8{,}9 \text{ m/s}$$

Ist das richtig?

Ja!

Wir rechnen das in Stundenkilometer um:

8,9 m/s · 3600/1000

= 32 km/h

Aha! Das heißt, ...

... wir könnten umgekehrt auch ausrechnen, wie hoch der Ball fliegt, wenn wir ihn mit 100 km/h werfen!

Klar! Wir wissen:

$$h = \frac{v_0{}^2}{2g}$$

Er würde eine Höhe von etwa 39 Metern erreichen!

Wow!

Das ging schnell ... Kein Wunder, dass du die Silbermedaille bei der Physik-Olympiade gewonnen hast!

194

Energieerhaltung in einer Steigung

Der Energieerhaltungssatz ist aber auch dann wahr, wenn man einen Ball nicht genau gerade nach oben wirft, oder? Also, wenn man zum Beispiel den Ball auf einer Steigung rollt, gilt der Energiehaltungssatz doch auch, stimmt's?

Ja! Schauen wir uns das mal an. Wir rollen einen Ball von der Höhe h_0 hinunter zur Höhe 0. Auf dem Weg hat der Ball in der Höhe h_A die Geschwindigkeit v_A und in der Höhe h_B die Geschwindigkeit v_B.

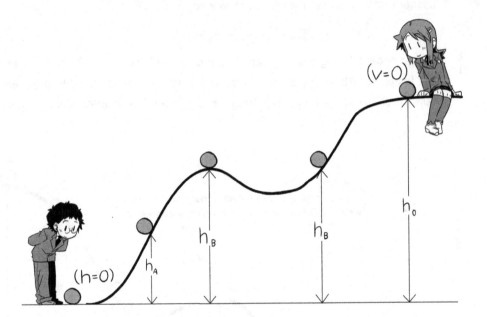

Da $v = 0$ ist, wenn der Ball zu rollen beginnt, entspricht die potentielle Energie zu diesem Zeitpunkt seiner gesamten mechanischen Energie. Wir setzen E für die gesamte mechanische Energie ein und da die potentielle Energie des Balls in Höhe h gleich mgh ist, erhalten wir dies:

$$E = mgh_0$$

Was ist nun E, wenn der Ball sein Ziel erreicht hat, also wenn er mit der Geschwindigkeit v die Höhe $h = 0$ erreicht hat? Hier kann das Beispiel mit dem geworfenen Ball hilfreich sein!

 Hm, da wurde im höchsten Punkt die kinetische Energie vollständig in potentielle Energie umgewandelt. Also ist $E = \frac{1}{2}mv^2$, oder?

 Genau! Da die mechanische Energie gleich bleibt, ist auch die Summe aus kinetischer und potentieller Energie nach wie vor E. Es gilt also:

$$\frac{1}{2}mv_A^2 + mgh_A = \frac{1}{2}mv_B^2 + mgh_B = E$$

Die potentielle Energie ist übrigens in der gleichen Höhe ebenfalls gleich, wie auf der folgenden Abbildung zu sehen ist. Daher ist die mechanische Energie ebenfalls gleich, selbst wenn die Richtung der Geschwindigkeit unterschiedlich ist.

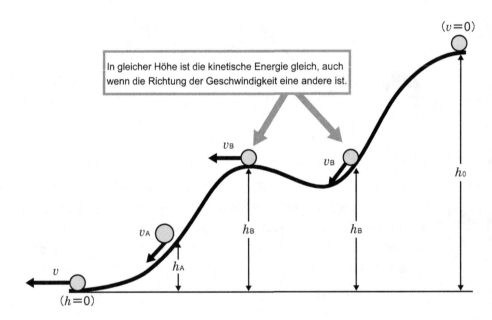

In gleicher Höhe ist die kinetische Energie gleich, auch wenn die Richtung der Geschwindigkeit eine andere ist.

Kinetische Energie hat nichts mit der Richtung der Geschwindigkeit zu tun!

 Völlig richtig! Kinetische Energie verfügt nur über eine Größe, keine Richtung. Das gilt auch für die potentielle Energie.

 Könnte der Ball auch wieder bis auf die gleiche Höhe hinaufrollen, wenn nach dem Tal wieder eine Steigung käme?

 Eigentlich schon. Allerdings nur, wenn man Reibung und Luftwiderstand außer acht lässt. Nehmen wir mal an, wir hätten beim Hinaufrollen h als „Zwischen stopp". Dann wäre die kinetische Energie des Balls in diesem Punkt – nach dem Energieerhaltungssatz – folgende:

$$\frac{1}{2}mv^2 = E - mg\,h$$

Wenn der Ball weiter hinaufrollt, nimmt die kinetische Energie ab. Die kinetische Energie wäre vollständig umgewandelt im Punkt h_0:

$$\frac{1}{2}mv^2 = E - mg\,h_0 = 0$$

Weiter als bis zur Höhe h_0 kann der Ball also nicht rollen. Stattdessen würde er dann wieder rückwärts die Steigung hinabrollen.

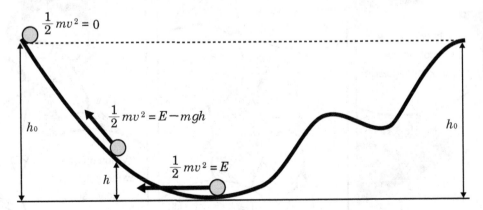

Wiederholung

Die Einheit der Energie kann man mit der Definition der mechanischen Energie herleiten:

Kinetische Energie = 1/2 · Masse · (Geschwindigkeit)^2

Daraus ergibt sich Folgendes:

Einheit der Energie = Einheit der Masse · (Einheit der Geschwindigkeit)^2 = [kg · m^2/s^2]

Da der Faktor 1/2 sich nicht auf die Einheit auswirkt, können wir ihn hier weglassen. Da „Ener gie" eine verbreitete physikalische Größe ist, erhält sie eine eigene Einheit, nämlich Joule [J].

Wir haben außerdem gelernt, dass gilt: „Änderung der kinetischen Energie = verrichtete Arbeit

Daher auch das Folgende:

Einheit der Energie = Einheit der Arbeit

Und demnach gilt auch:

Einheit der Arbeit = Einheit der Kraft · Einheit des Weges = [N] · [m] = [N · m]

Die Einheit [N*m] sieht zwar anders aus als [kg · m^2/s^2], aber wenn wir beachten, dass gilt [N gleich [kg · m^2/s^2] ist, erhalten wir:

[N · m] = [kg · m/s^2 · m] = [kg · m^2/s^2] = [J]

Wir sehen, dass es sich also um dieselbe Einheit handelt.

Um herauszufinden, wie viel Energie einem Joule entspricht, benutzen wir die Gleichsetzun, 1[J] = 1[N · m]. Dann kann man sagen: 1 J entspricht der Energie der Arbeit, die man benötig um ein Objekt mit der Kraft von 1 N genau 1 m zu bewegen.

Wir wissen außerdem, dass die Gravitation auf ein Objekt mit der Masse von 1 kg mit 9,8 N wirkt. Bei einer Gravitation von 1 N beträgt die Masse des Objekts also 1 / 9,8[kg] = 0,102[kg = 102[g]. Deshalb hat Ryota auf Seite 161 gesagt, dass 1 Joule äquivalent dazu ist, ein Objek von 102 g um einen Meter anzuheben.

eben Joule sind auch Kalorien [cal] eine Einheit, die für Wärmeenergie benutzt wird, zum beispiel beim Kochen bzw. bei Nahrungsmitteln. Obwohl die Einheit heute eigentlich durch Joule ogelöst wurde, kennen viele noch die Einheit „Kalorien". Eine Kalorie (1 cal) entspricht der nergie, die notwendig ist, um ein Gramm Wasser um 1 Grad Celsius (bei einem Druck von 1 tm) zu erwärmen. Im Verhältnis zu Joule ist die Kalorie so definiert:

$$1 \ [cal] = 4{,}2 \ [J]$$

ei Nahrungsmitteln benutzt man die Einheit Kilokalorie [kcal]. Sie ist so definiert:

$$1 \ [kcal] = 1000 \ [cal]$$

um Beispiel haben 50 g Speiseeis etwa 100 kcal. In Joule umgerechnet sind das:

$$100 \ [kcal] = 100 \ 000 \ [cal] = 4{,}2 \cdot 100 \ 000 \ [J] = 420 \ 000 \ [J]$$

in ziemlich hoher Wert!. Aber nicht im Vergleich zu der Energie, die wir täglich benötigen. Nach em Gesundheitsministerium braucht eine erwachsene Frau täglich etwa 2200 kcal, ein Mann twa 2700 kcal. Umgerechnet in Joule ergibt das:

$$2 \ 200 \ [kcal] \cdot 1 \ 000 \cdot 4{,}2 \ [J/cal] = 9 \ 240 \ 000 \ [J]$$

Ial sehen, was das bedeutet. Da man für das Anheben von einem Kilo etwa 10 J benötigt, ntspricht der obige Wert 924 000 kg. Das wiederum ist fast so viel wie ein Obejkt von 1000 onnen um 1 Meter anzuheben. Wir benötigen also jeden Tag ziemlich viel Energie!

Der Unterschied zwischen Hubkraft und Arbeit durch Gravitation

Venn ein Objekt gerade nach oben geworfen wird, wirkt nur die Arbeit der Gravitation auf es. Venn man aber Kraft aufwendet, um ein Objekt anzuheben, wirken sowohl die Hubkraft als uch die Gravitation, und beide verrichten Arbeit an dem Objekt. Schauen wir uns an, was jenau der Unterschied ist zwischen „hochwerfen" und „hochziehen".

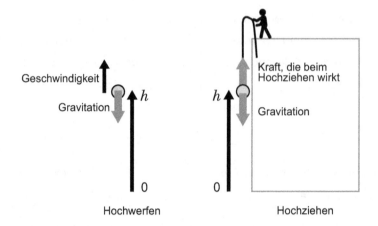

Geschwindigkeit

Gravitation

h

0

Hochwerfen

Kraft, die beim Hochziehen wirkt

h

Gravitation

0

Hochziehen

Schauen wir uns zuerst das „Hochwerfen" an. Die Arbeit, die die Gravitation am Objekt verrichtet – und zwar zwischen dem Punkt, an dem es abgeworfen wird, bis zur Höhe h – ist folgende (die Gravitation hat einen negativen Wert, da sie entgegengesetzt zur Bewegungsrichtung des Objekts wirkt):

Arbeit $= -mgh$

Diese Arbeit, $-mgh$, entspricht diesem Ausdruck:

Änderung der kinetischen Energie des Objekts = Arbeit, die am Objekt verrichtet wird

Es sei v_0 die Geschwindigkeit des Objekts bei seinem Abwurf und v die Geschwindigkeit in der Höhe h, dann erhalten wir:

Änderung der kinetischen Energie $= \dfrac{1}{2}mv^2 - \dfrac{1}{2}mv_0^2$

Wenn wir die letzten drei Ausdrücke kombinieren, erhalten wir:

$$\frac{1}{2}mv^2 - \frac{1}{2}mv_0^2 = -mgh$$

Und das können wir so umformen:

$$\frac{1}{2}mv^2 + mgh = \frac{1}{2}mv_0^2$$

Das heißt, das „Hochwerfen" die potentielle Energie in dem Maße erhöht, in dem die Gravitation Arbeit an dem Objekt verrichtet.

Schauen wir uns nun das „Hochziehen" an. Wir nehmen an, dass sich das Objekt dabei langsam und gleichförmig bewegt.

Nach dem ersten Bewegungsgesetz ist die Kraft, die dann auf das Objekt wirkt, gleich 0 oder aufgehoben und es gilt:

Kraft, die durch das Ziehen nach oben wirkt + Gravitation = 0

Folgendes kann abgeleitet werden:

Gravitation = mg

Daher gilt:

Arbeit, die durch das Heraufziehen auf das Objekt wirkt = $mg\,h$

Und dann ist natürlich auch Folgendes wahr:

Arbeit, die durch das Herausziehen auf das Objekt wirkt + Arbeit, die durch die

Gravitation an am Objekt verrichtet wird = 0

(Vergleiche dies mit dem ersten Ausdruck oben auf der Seite.)

Beim „Hochziehen" gilt also:

Änderung der kinetischen Energie = 0

Daher sollte die resultierende Kraft keine Arbeit verrichten. Die Arbeit, die durch das Hochziehen an dem Objekt verrichtet wird, wird umgewandelt in potentielle Energie der Gravitation $mg\,h$.

Potentielle Energie

Ein Objekt verfügt über kinetische Energie. Im Gegensatz dazu wohnt die potentielle Energie nicht dem Objekt inne, sondern sie ist im Raum. Typische Formen von potentieller Energie sind beispielsweise die potentielle Energie, die durch die Gravitation entsteht, oder die potentielle Energie, die durch ein elektrostatisches Feld entsteht, in welchem die anziehende und abstoßende Kraft der Elektrizität wirkt.

Man kann auch die elastische Energie einer Feder oder von Gummi als Formen potentieller Energie betrachten. Es sind unterschiedliche Faktoren daran beteiligt, eine Federung zu erzeugen. Meist wird die Federung durch das Zusammenziehen bzw. -drücken der Feder oder das Wiederherstellen der ursprünglichen Position erzeugt. Bei einer spiralförmigen Feder werden die Verdrehungen eines ursprünglich geraden Stücks Metall ausgenutzt.

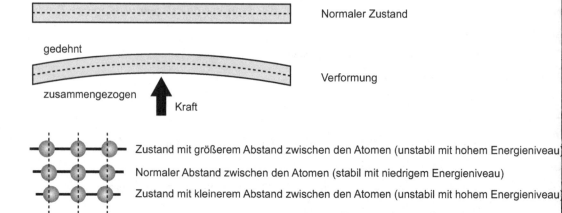

Normaler Zustand

gedehnt

Verformung

zusammengezogen

Kraft

Zustand mit größerem Abstand zwischen den Atomen (unstabil mit hohem Energieniveau)

Normaler Abstand zwischen den Atomen (stabil mit niedrigem Energieniveau)

Zustand mit kleinerem Abstand zwischen den Atomen (unstabil mit hohem Energieniveau)

Die Elastizität von Gummi resultiert daraus, dass die Polymermoleküle wieder in den ursprüng
lichen Zustand mit einer größeren „Unordnung" zurückwollen, in dem sie sehr eng aneinan
der liegen und quasi „aufgewickelt" sind, nachdem sie in gedehntem Zustand eine geringer
„Unordnung" aufgewiesen haben[1]

Polymermoleküle des Gummis

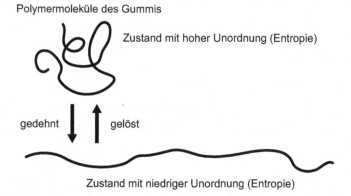

Zustand mit hoher Unordnung (Entropie)

gedehnt | gelöst

Zustand mit niedriger Unordnung (Entropie)

Wurfgeschwindigkeit und erreichte Höhe

Auf Seite 194 hat Ryota auf die Frage, wie hoch ein Ball fliegt, der mit 100 km/h geworfen wir
geantwortet: „39 Meter".

---

*1 Wir sagen hier „Unordnung" zu etwas, was in der Physik „Entropie" heißt. Sehr allgemein gesagt wird die Entropie bei gleich
bleibendem Energieniveau immer größer. Wenn man einen Tropfen Tinte in Wasser gibt, mischt sich beides sofort und die
Entropie („Unordnung") ist höher als in einem Zustand, in dem die Tinte auf einem Fleck konzentriert ist.

Wir bestätigen das hier noch einmal, denn aus

$v_0^2 = 2gh$ erhält man: $h = \dfrac{v_0^2}{2g}$

Und mit 100 km pro Stunde = 100 · 1 000/3 600 [m/s] erhält man:

$h = \dfrac{(1\,000/36)^2}{2 \cdot 9{,}8} = 39{,}4[\text{m}]$

Ein Schritt weiter

Die Richtung von Kraft und Arbeit

Arbeit ergibt sich aus der Kraft, die auf ein Objekt wirkt, und dem Weg, den ein Objekt zurücklegt. Die Kraft $\vec{F}$ und der Weg $\vec{x}$ sind dann Vektoren. Wenn die Richtung der Kraft von derjenigen des Weges verschieden ist, ergibt sich die Arbeit W wie folgt:

$W = |\vec{F}|\,|\vec{x}|\cos\theta$

Dabei ist $\vec{x}$ der Weg, den das Objekt zurücklegt, und $\vec{F}\cos\theta$ die Kraft unter Berücksichtigung der Richtung des Weges.

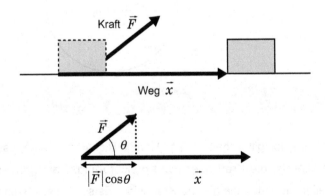

Es ist $W = |\vec{F}|\ |\vec{x}|\cos\theta$ äquivalent zum inneren Produkt[*] der Vektoren $\vec{F}$ und $\vec{x}$ bzw. $\vec{x}\cdot$

Daher gilt auch Folgendes:

$$W = \vec{F}\cdot\vec{x}$$

Im Anschluss an die Diskussion auf Seite 179 betrachten wir einen Fall, indem die Richtung d
Kraft und diejenige des Weges gleich sind, und wir erhalten Folgendes:

$$W = |\vec{F}|\ |\vec{x}|$$

Daher gilt: Arbeit = Größe der Kraft · Weg

Dies bedeutet, dass positive Arbeit verrichtet wird. Dabei steigt die kinetische Energie de
Objekts, an dem Arbeit verrichtet wird. Ist die Richtung der Arbeit jedoch entgegengesetzt zu d
des Weges, dann ist $\cos\theta = \cos\pi = -1$ und wir erhalten:

$$W = -|\vec{F}|\ |\vec{x}|$$

In diesem Fall wird negative Arbeit verrichtet und die kinetische Energie desjenigen Objekts, a
dem Arbeit verrichtet wird, sinkt. Wenn die Richtung der Kraft senkrecht zu der des Weges is
dann ist $\cos\theta = \cos(\pi/2) = 0$ und es wird keine Arbeit verrichtet. Das tritt typischerweise bei ein
kreisförmigen Bewegung auf. Während die Kraft in Richtung des Kreismittelpunkts wirkt, ände
sich die kinetische Energie nicht, da der Wert der Arbeit 0 ist. Daher kann sich ein Objekt gleichfö
mig im Kreis bewegen:

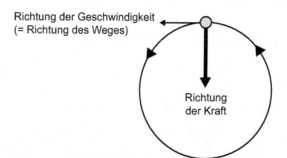

Richtung der Geschwindigkeit
(= Richtung des Weges)

Richtung
der Kraft

Arbeit bei einer nicht gleichförmigen Kraft

Wenn Kraft gleichförmig ist, gilt: Arbeit = Weg · Kraft in Richtung des Weges

In den meisten Fällen ist die Kraft aber nicht gleichförmig. Dann müssen wir die Arbeit i
Abschnitte unterteilen, in denen die gleiche Kraft wirkt. Es sei Δx solch ein Abschnitt und F_i di
Kraft, die innerhalb dieses Abschnitts auf das Objekt wirkt. Dann ist die Änderung der kinet

---

[*] Ihr fragt vielleicht, warum hier ein inneres Produkt gebildet wird. Arbeit ist wie Energie eine skalare Größe, während Kraft
und Weg Vektorgrößen sind. Um diese beiden Vektorgrößen zu verbinden, muss man sie in Skalare umrechnen. Das innere
Produkt ist das Ergebnis dieser Berechnung.

chen Energie wie folgt definiert (siehe auch Seite 178):

$$\frac{1}{2}mv_{i+1}^2 - \frac{1}{2}mv_i^2 = F_i\Delta x \tag{1}$$

Wir unterteilen den Abschnitt $x - x_0$ in „N" weitere Abschnitte (in Δx wird die Kraft als gleichförmig angenommen, dann ist Ausdruck (1) wahr für $0 < i < N - 1$. Jetzt addieren wir auf beiden Seiten diese N Ausdrücke:

$$\left(\frac{1}{2}mv_1^2 - \frac{1}{2}mv_0^2\right) + \left(\frac{1}{2}mv_2^2 - \frac{1}{2}mv_1^2\right) + \left(\frac{1}{2}mv_3^2 - \frac{1}{2}mv_2^2\right) + \cdots$$
$$= F_0\Delta x + F_1\Delta x + F_2\Delta x + \cdots \tag{2}$$

Diesen Ausdruck kann man vereinfachen, da sich die Glieder auf der linken Seite fast vollständig aufheben. Links bleibt stehen:

$$\frac{1}{2}mv^2 - \frac{1}{2}mv_0^2$$

Wir nehmen an, dass $v_{N-1} = v$ ist. Daher lautet Ausdruck (2) wie folgt:

$$\frac{1}{2}mv^2 - \frac{1}{2}mv_0^2 = \sum_{i=0}^{N-1} F_i\Delta x$$

Das heißt, auch wenn die Kraft nicht gleichförmig ist, ist die Änderung der kinetischen Energie über alle Abschnitte äquivalent zur Arbeit, die über alle Abschnitte an dem Objekt verrichtet wird. Je kleinere Abschnitte man bildet, desto größer ist die Genauigkeit bei der Annäherung an die Kraft, die innerhalb eines Abschnitts wirkt. Wenn wir unendlich viele Abschnitte bilden (wenn also N unendlich groß ist), ist dies die Arbeit W:

$$W = \lim_{\substack{\Delta x \to 0 \\ (N \to \infty)}} \sum_{i=0}^{N-1} F_i\Delta x$$
$$= \int_{x_0}^{x} F(x')\, dx'$$

Diese Darstellung mit den Mitteln der Intregralrechnung ist mathematisch präzise. Beachte, dass man die Arbeit, die an dem Objekt in Punkt x verrichtet wird, als $F(x)$ ausdrückt. Die grundlegende Idee der Integralrechnung ist es, kleinste Abschnitte zu addieren.

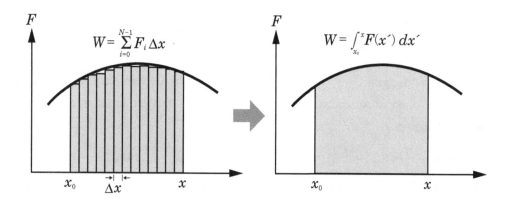

Die Beschreibung, dass „die Änderung der kinetischen Energie zwischen zwei Punkten äquivalent zur Arbeit ist, die an dem Objekt in diesem Abschnitt verrichtet wird", bedeutet also:

$$W = \int_{x_0}^{x} F(x´)\, dx´ \tag{3}$$

Damit können wir die obige Aussage auch so ausdrücken:

$$\frac{1}{2} m v^2 - \frac{1}{2} m v_0^2 = W \tag{4}$$

Man kann das Verhältnis zwischen Arbeit und kinetischer Energie also auch direkt von der
Bewegungsgleichung herleiten. Wir erinnern uns an die Bewegungsgleichung:

$$m \frac{dv}{dt} = F$$

Wir multiplizieren beiden Seiten der Gleichung darüber mit der Geschwindigkeit v und integrie-
ren für das Intervall $0 - t$, dann erhalten wir:

$$\int_0^t m v \frac{dv}{dt}\, dt = \int_0^t F v\, dt$$

Auf die linke Seite wenden wir diesen Ausdruck an:

$$\frac{d(v^2)}{dt} = 2v \frac{dv}{dt}$$

Und wir benutzen $v = dx/dt$ für die rechte Seite, dann erhalten wir:

$$\int_0^t \frac{d}{dt} \left(\frac{1}{2} m v^2 \right) dt = \int_0^t F \left(\frac{dx}{dt} \right) dt$$

Das können wir so umformen:

$$\int_{v_0}^{v} d\left(\frac{1}{2} m v^2 \right) = \int_{x_0}^{x} F dx \tag{5}$$

Für diesen Ausdruck sind die Positionen und die Geschwindigkeiten für die Zeitpunkte $t = 0$ und $t = x_0$ und v_0 bzw. x und v. Die linke Seite von Ausdruck (5) entspricht der Änderung der kinetischen Energie und dies ist äquivalent zu folgendem Ausdruck:

$$\int_{v_0}^{v} d\left(\frac{1}{2} mv^2 \right) = \frac{1}{2} mv^2 - \frac{1}{2} mv_0$$

Auf der rechten Seite von Ausdruck (5) finden wir ausschließlich Arbeit, und sie entspricht Ausdruck (4). Wir haben nun alles für eine eindimensionale Darstellung untersucht, aber die Grundlagen sind in einem dreidimensionalen Kontext gleich.

Konservative Kraft und der Energieerhaltungssatz

Potentielle Energie in der Höhe x kann ausgedrückt werden als $mg\,x$. Wir fügen ein Minuszeichen hinzu und differenzieren es, dann erhalten wir Folgendes:

$$- \frac{d\,(mgx)}{dx} = -mg$$

Die rechte Seite entspricht der Gravitation. Wir setzen nun dies ein:

$$V = mg\,x \text{ und } F = -mg$$

Dann erhalten wir:

$$F = - \frac{dV}{dx} \tag{6}$$

Nicht nur Gravitation, sondern jede Kraft, die durch potentielle Energie wie in Ausdruck (6) dargestellt wird, ist eine konservative Kraft, denn der Energieerhaltungssatz ist für diese Kräfte gültig. Wenn wir Ausdruck (6) in Ausdruck (3) einsetzen, erhalten wir:

$$W = \int_{x_0}^{x} \frac{dV}{dx'}\, dx' = - \int_{V(x_0)}^{V(x)} dV$$
$$= -[\, V(x) - V(x_0)\,] \tag{7}$$

Wir setzen dies in Ausdruck (4) ein und erhalten:

$$\frac{1}{2} mv^2 - \frac{1}{2} mv_0^2 = -[\, V(x) - V(x_0)\,]$$

Dies zeigt, dass der Energieerhaltungssatz wie folgt ausgedrückt werden kann:

$$\frac{1}{2} mv^2 + V(x) = \frac{1}{2} mv_0^2 + V(x_0)$$

Betrachten wir die Kraft einer Feder als Beispiel für eine konservative Kraft. Wenn die Feder zusammengedrückt wird bzw. sich „streckt" – mit der Federkonstante k um die Länge x relativ zur normalen Länge –, dann wird die elastische Energie der Feder wie folgt ausgedrückt:

$$V = \frac{1}{2} kx^2$$

Diese elastische Energie kann als potentielle Energie der Feder betrachtet werden. Ein Objekt mit der Masse m, das mit der Feder verbunden ist, gehorcht dann auch dem Energieerhaltungssatz:

$$\frac{1}{2} mv^2 + \frac{1}{2} kx^2 = \text{Konstante}$$

Mit der potentiellen Energie kennen wir auch die Kraft:

$$F = - \frac{d}{dx} \left(\frac{1}{2} kx^2 \right) = - kx$$

Dies ist die Kraft der Feder.

Die Berechnung der Arbeit, die die Feder mit der Kraft $F = -kx$ verrichtet, ergibt Folgendes:

$$W = \int_0^x (-kx') \; dx' = k \left[\frac{1}{2} x'^2 \right]_0^x = \frac{1}{2} kx^2$$

Das entspricht der potentiellen Energie; nachvollziehbar ist es mit Ausdruck (7).

Nichtkonservative Kraft und der Energieerhaltungssatz

Kraft, die nicht mit potentieller Energie ausgedrückt werden kann, nennt man nichtkonservative Kraft. Reibung ist ein typisches Beispiel dafür. Wenn eine solche Kraft wirkt, gilt der Energieerhaltungssatz nicht in der Form, dass kinetische Energie und potentielle Energie immer eine konstante Summe ergeben. Wenn auf ein Objekt Reibung wirkt, wird es nach einer bestimmten Zeit zum Stillstand kommen. Das heißt, es hat die kinetische Energie „verloren" – aber deshalb ist der Energieerhaltungssatz nicht falsch. Die kinetische Energie wurde auf einer molekularen Ebene in Wärmeenenergie umgeformt.[*] Wie Ryota auf Seite 180 beschrieben hat,

---

[*] Der Begriff „Wärmeenergie" ist nicht sehr präzise. Wärme ist eine Form von Energie und sie ist verschieden von der Energie eines Objekts oder Raums.

gilt der Energieerhaltungssatz sogar, wenn eine nichtkonservative Kraft wie die Reibung wirkt. Das solltest du mit Blick auf Moleküle im Auge behalten. Um diese Welt zu erfassen, benötigt man allerdings die Quantenphysik. Das heißt umgekehrt, dass es für die Bewegungsgesetze von Newton, um die es hier geht, keine Rolle spielt. Wenn wir über nukleare Energie sprechen, ist die Betrachtung auf der Basis der Dynamik noch komplexer als Betrachtungen der Relativitätstheorie zur Energie. Der Energieerhaltungssatz gilt aber auch in der Welt der Quanten und der Relativitätstheorie. Wir können sagen, dass der Energieerhaltungssatz das grundlegendste Naturgesetz ist.

Der Energieerhaltungssatz und das Problem des Münzwurfs

In Kapitel 3 haben wir die Kollision zweier Münzen mit dem Gesetz der Impulserhaltung untersucht. Dabei haben wir gelernt, dass das Gesetz der Impulserhaltung wie folgt ausgedrückt werden kann:

Für die x-Richtung: $mv = mv' \cos\theta + MV' \cos\phi$

Für die y-Richtung: $0 = mv' \sin\theta - MV' \sin\phi$

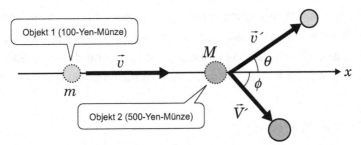

Angenommen, die Energie aus der Kollision der beiden Münzen würde erhalten bleiben (was wir eine perfekte elastische Kollision nennen), dann gilt Folgendes:

$$\frac{1}{2}mv^2 = \frac{1}{2}mv'^2 + \frac{1}{2}MV'^2$$

Es gibt aber 4 unbekannte Größen, nämlich v', V', θ und ϕ. Daher können wir nicht alle Lösungen finden, aber man kann für zwei Größen einen Ausdruck bestimmen. Wir bestimmen zuerst den Ausdruck für die Geschwindigkeit v' von Objekt 1 nach der Kollision sowie den Winkel, in dem das Objekt weiterfliegt. Zur Vereinfachung nehmen wir an: $m < M$. (Die beiden Münzen erfüllen diese Bedingung.) Zuerst bestimmen wir den Ausdruck für das Gesetz der Impulserhaltung für $\cos\theta$ und $\sin\phi$. Es ist $\cos^2\phi + \sin^2\phi = 1$ und wir erhalten:*

$$V'^2 = \left(\frac{m}{M}\right)^2 (v^2 - 2vv' \cos\theta + v'^2)$$

---

* Wir stellen den Impulserhaltungssatz $mv = mv' + MV'$ in einem Vektorraum dar und wenden für das Dreieck, das die Vektoren bilden, die Rechenregeln für Cosinus an.

Setze dies in den Energieerhaltungssatz ein und wir können dies berechnen:

$$v' = \frac{(m/M)\cos\theta + \sqrt{1-(m/M)^2\sin^2\theta}}{1+m/M}$$

Wenn $\theta = 0$ ist, dann ist $v = v'$. Das ist der Fall, wenn Objekt 1 ohne Berührung an Objekt 2 vor beifliegt. Wir betrachten einen anderen Fall, in dem beide Objekte nach der Kollision in entge gengesetzte Richtungen fliegen und $\theta = \pi$ ist. Wir erhalten:

$$v' = \frac{1-m/M}{1+m/M}v$$

Dieser Ausdruck besagt Folgendes: Wenn $M > m$, ist, nähern wir uns $v' = v$.* Das heißt, ein Objek mit kleinerere Masse, das mit einem Objekt mit größerer Masse kollidiert, prallt mit der gleicher Geschwindigkeit ab. Andererseits gilt für $M = m$, dass $v' = 0$ ist. Du kannst das prüfen, indem d die 500-Yen-Münze durch eine 100-Yen-Münze ersetzt, sodass zwei 100-Yen-Münzen genau gera de kollidieren. Nach der Kollision bleibt die geworfene Münze liegen und die Münze, die zunächs unbewegt war, hat die gleiche Geschwindigkeit wie die geworfene Münze zuvor. In dem Fall kön nen wir $V' = v$ leicht aus V'^2 herleiten.

Stellen wir das Verhältnis des Quotienten v'/v für die 100-Yen-Münzen vor und nach de Kollision graphisch dar und berücksichtigen auch den Winkel, in dem die Münzen voneinande abprallen. Die Masse einer 100-Yen-Münze beträgt 4,8 g und die einer 500-Yen-Münze 7,0 g Wir erhalten $m/M = 4,8/7,0 = 0,69$. Wir setzen das in Ausdruck (8) und der Graph sieht wie folg aus:

Verhältnis der Geschwindigkeiten: v'/v

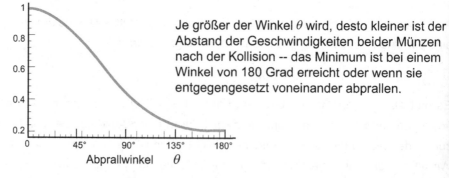

Je größer der Winkel θ wird, desto kleiner ist der Abstand der Geschwindigkeiten beider Münzen nach der Kollision -- das Minimum ist bei einem Winkel von 180 Grad erreicht oder wenn sie entgegengesetzt voneinander abprallen.

Abprallwinkel θ

---

* Du kannst auch einen Fall untersuchen, in dem in Ausdruck (8) $M > m$ ist, um $v' = v$ zu bestätigen.

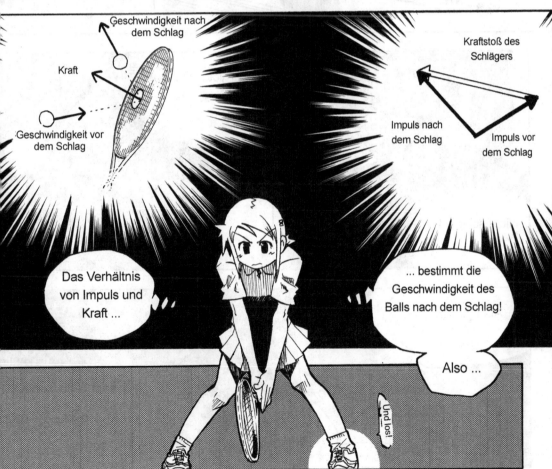

Zack!

... bestimmt das auch die nächste Bewegung!

Und los!

Zack

Nicht schlecht!

Weil Ryota mir so viel beigebracht hat ...

Aber jetzt ...

... ist er nicht hier.

Mit allem, was du nun gelernt hast, musst du dich nur noch auf dein Spiel konzentrieren!

Ich hab's geschafft!

Ryota, du?!

Du bist hier!

...

Ich habe meine Präsentation früher gehalten, deshalb konnte ich schon gehen.

Wow, Danke!!

M...Megu, konzentriere dich!

Okay!

Tap tap

Ich habe jetzt Aufschlag!

Dreh

Weiter geht's!

Vorteil Megumi!

Oh nein!

Konzentrier dich!

Nur noch ein Punkt!

Ich schaffe es!

Konzentration!

Du schaffst es ...

Ich schaffe es!

Smash!

Spiel, Satz und Sieg –

Megumi!

I... Ich?

Ich habe gewonnen, Ryota!

Hi... Hilfe!

Schluchz

Was ...?!

Mathematik mit Spaß: Mathe-Manga!

Takahashi, Shin
Mathe-Manga Statistik
2009. X, 189 S. Br. EUR 19,90
ISBN 978-3-8348-0566-9

Statistik ist trocken und macht keinen Spaß? Falsch! Mit diesem
Manga lernt man die Grundlagen der Statistik kennen, kann sie in
zahlreichen Aufgaben anwenden und anhand der Lösungen seinen
Lernfortschritt überprüfen - und hat auch noch eine Menge Spaß dabei!
Eigentlich will die Schülerin Rui nur einen Arbeitskollegen ihres
Vaters beeindrucken und nimmt daher Nachhilfe in Statistik. Doch
schnell bemerkt auch sie, wie interessant Statistik sein kann, wenn
man beispielsweise Statistiken über Nudelsuppen erstellt. Nur ihren
Lehrer hatte sich Rui etwas anders vorgestellt, er scheint ein langweili-
ger Streber zu sein - oder?

Kojima, Hiroyuki
Mathe-Manga Analysis
2009. 290 S. Br. EUR 19,90
ISBN 978-3-8348-0567-6

Analysis ist trocken und macht keinen Spaß? Falsch! Mit diesem
Manga lernt man die Grundlagen der Analysis kennen, kann sie in
zahlreichen Aufgaben anwenden und anhand der Lösungen im Anhang
seinen Lernfortschritt überprüfen - und hat auch noch eine Menge
Spaß dabei!

**VIEWEG+
TEUBNER**

Abraham-Lincoln-Straße 46
65189 Wiesbaden
Fax 0611.7878-400
www.viewegteubner.de

Stand Januar 2010.
Änderungen vorbehalten.
Erhältlich im Buchhandel oder im Verlag.

Fit für die Prüfung

Turtur, Claus Wilhelm
Prüfungstrainer Mathematik
Klausur- und Übungsaufgaben mit vollständigen Musterlösungen
2., überarb. u. erw. Aufl. 2008. 600 S. mit 176 Abb. Br. EUR 29,90
ISBN 978-3-8351-0211-8

Mengenlehre - Elementarmathematik - Aussagelogik - Geometrie und Vektorrechnung - Lineare Algebra - Differential- und Integralrechnung - Komplexe Zahlen - Funktionen mehrerer Variabler und Vektoranalysis - Wahrscheinlichkeitsrechnung und Statistik - Folgen und Reihen - Gewöhnliche Differentialgleichungen - Funktionaltransformationen - Musterklausuren - Tabellen und Formeln

Mit diesem Klausurtrainer gehen Sie sicher in die Prüfung. Viele Übungen zu allen Bereichen der Ingenieurmathematik bereiten Sie gezielt auf die Klausur vor. Ihren Erfolg können Sie anhand der erreichten Punkte jederzeit kontrollieren. Und damit Sie genau wissen, was in der Prüfung auf Sie zukommt, enthält das Buch Musterklausuren von vielen Hochschulen!

Turtur, Claus Wilhelm
Prüfungstrainer Physik
Klausur- und Übungsaufgaben mit vollständigen Musterlösungen
2., überarb. Aufl. 2009. II, 570 S. mit 189 Abb. Br. EUR 34,90
ISBN 978-3-8348-0570-6

Mechanik - Schwingungen, Wellen, Akustik - Elektrizität und Magnetismus - Gase und Wärmelehre - Optik - Festkörperphysik - Spezielle Relativitätstheorie - Atomphysik, Kernphysik, Elementarteilchen - Statistische Unsicherheiten – Musterklausuren

Mit diesem Klausurtrainer gehen Sie sicher in die Prüfung. Viele Übungen zu allen Bereichen der Physik bereiten Sie gezielt auf die Klausur vor. Ihren Erfolg können Sie anhand der erreichten Punkte jederzeit kontrollieren. Und damit Sie genau wissen, was in der Prüfung auf Sie zukommt, enthält das Buch Musterklausuren von vielen Hochschulen!

VIEWEG+ TEUBNER

Abraham-Lincoln-Straße 46
65189 Wiesbaden
Fax 0611.7878-400
www.viewegteubner.de

Stand Januar 2010.
Änderungen vorbehalten.
Erhältlich im Buchhandel oder im Verlag.